MATHEMATIK
ARBEITSHEFT

Mit Basisthemen der 5. Klasse

Herausgegeben von
Joachim Becherer

Erarbeitet von
Joachim Becherer
Martin Gmeiner
Petra Leininger
Rosemarie Mrasek
Christel Schienagel-Delb

Beratend wirkte mit:
Prof. Hans-Dieter Gerster

Ernst Klett Verlag
Stuttgart Düsseldorf Leipzig

Bildquellenverzeichnis:
Helga Lade, Frankfurt/M. 10 (Tetzlaft) — Mauritius, Stuttgart 19 (Beck); 62 (Rossenbach)

1. Auflage   € A 1$^{5\ 4}$ | 2004

Alle Drucke dieser Auflage können im
Unterricht nebeneinander benutzt werden,
sie sind untereinander unverändert. Die letzte
Zahl bezeichnet das Jahr dieses Druckes.

© Ernst Klett Verlag GmbH, Stuttgart 2000.
Alle Rechte vorbehalten.

Internetadresse: http://www.klett-verlag.de

ISBN 3-12-742111-7

Redaktion: Sonja Orf; Silke Sauer

Herstellung: Johannes Eisenbraun

Zeichnungen: Rudolf Hungreder, Leinfelden

Umschlagsgestaltung: Dieter Gebhardt, Asperg

Reproduktion: Hahn Medien, Kornwestheim

Fotosatz und Satzgrafiken:
Iris Druckvorlagen GmbH, Becheln

Lösungen: WPT Kernstock, Kirchheim/Teck

Druck: Druckhaus Götz, Ludwigsburg

Inhaltsverzeichnis

Hinweise für Schülerinnen und Schüler 4

Zahlen und Rechnen mit natürlichen Zahlen

1. Zehnersystem: Ziffern, Zahlen bis 1 Billion 5
2. Runden von Zahlen 8
3. Ordnen und Darstellen von Zahlen 10
4. Kopfrechnen: Addition und Subtraktion 13
5. Schriftliche Addition und Subtraktion 16
6. Kopfrechnen: Multiplikation und Division 19
7. Schriftliche Multiplikation und Division 22
8. Verbindung der Grundrechenarten 25
9. Vernetzte Aufgaben 27
   Test 28

Geometrie: Grundbegriffe

1. Gerade, Halbgerade, Strecke 29
2. Senkrechte und Parallelen 31
3. Achsensymmetrische Figuren 34
4. Vierecke 37
5. Umfang und Flächeninhalt von Quadrat und Rechteck 40
6. Geometrische Körper 43
7. Würfel und Quader und deren Netze 46
8. Vernetzte Aufgaben 49
   Test 52

Größen, Rechnen mit Größen

1. Längen, Rechnen mit Längen 53
2. Flächeninhalte, Rechnen mit Flächeninhalten 56
3. Gewichte, Rechnen mit Gewichten 59
4. Zeitspannen, Rechnen mit Zeitspannen 62
5. Geld, Rechnen mit Geld 66
6. Rechnen mit Tabellen, Zweisatz, Sachaufgaben 69
7. Vernetzte Aufgaben 74
   Test 76

Lösungen zu den Tests 77

Zum Nachschlagen 80

Hinweise für Schülerinnen und Schüler

Dieses Heft gehört:
Name: ___
Klasse: ___
Schule: ___

Die Einstiegsseite

Am Anfang steht immer eine interessante Einstiegsaufgabe, die zeigt, wozu du den neuen mathematischen Inhalt gebrauchen kannst. Keine Angst, die Einstiegsaufgabe kannst du mit deinem bisherigen Wissen lösen.
Auf jeder Einstiegsseite ist am Ende ein **Merkkasten** zu finden. Darin ist der neue Lernstoff kurz und verständlich erklärt. Hier kannst du auch jeder Zeit wieder nachschlagen, wenn dir ein bestimmtes Stoffgebiet nicht mehr bekannt ist.

Die Aufgabenseiten

Auf diesen Seiten findest du genügend interessantes und spannendes Aufgabenmaterial. Viele Aufgabenstellungen begegnen dir auch in deinem Alltag. Neben den Aufgaben, die du direkt in diesem Arbeitsheft rechnen kannst, werden bei den **zusätzlichen Aufgaben** noch weitere Übungsmöglichkeiten angeboten. Diese solltest du dann im Schulheft oder in einer extra angelegten Arbeitsmappe lösen. Schwierige Aufgaben sind farbig markiert.

Das Symbol ✎ bedeutet, dass hier ein Antwortsatz verlangt wird. Formuliere diesen in deinen eigenen Worten und als vollständigen Satz.

Alle **Lösungen** kannst du in einem **Beiheft** nachschlagen und dich so selbst kontrollieren.

Die vernetzten Aufgaben

Am Schluss eines jeden Kapitels befinden sich vernetzte Aufgaben, die rund um ein bestimmtes Thema zu lösen sind. Manchmal sind diese Aufgaben auch so angelegt, dass du sie in Partnerarbeit oder mit der Klasse erarbeiten kannst. Vernetzte Aufgaben umfassen den gesamten bisherigen Lernstoff und verlangen oft ein strategisches Vorgehen. Deswegen überlege dir hier gut, wie du die Aufgaben lösen kannst und welche Hilfsmittel dir zur Verfügung stehen. Im Arbeitsheft musst du nur die Lösung eintragen.

Die Testseite

Willst du wissen, ob du den Stoff des Kapitels verstanden hast? Dann löse den Test am Ende eines jeden Kapitels und überprüfe dich selbst mit Hilfe der Lösungen auf **Seite 77 bis 79**.

Zum Nachschlagen

Auf **Seite 80** findest du auf einen Blick die wichtigsten mathematischen Begriffe und Merkregeln der Lerninhalte dieses Arbeitsheftes.

Und nun viel Spaß und Erfolg beim Lösen der Aufgaben!

1 Zahlen und Rechnen mit natürlichen Zahlen

Zehnersystem: Ziffern, Zahlen bis 1 Billion

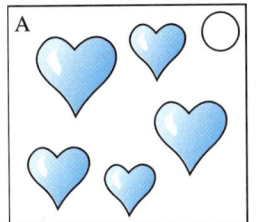

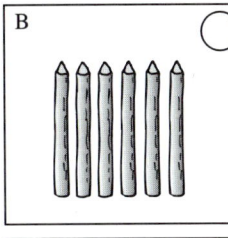

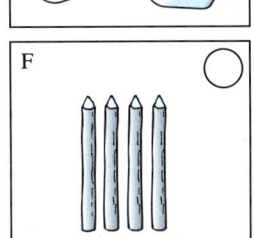

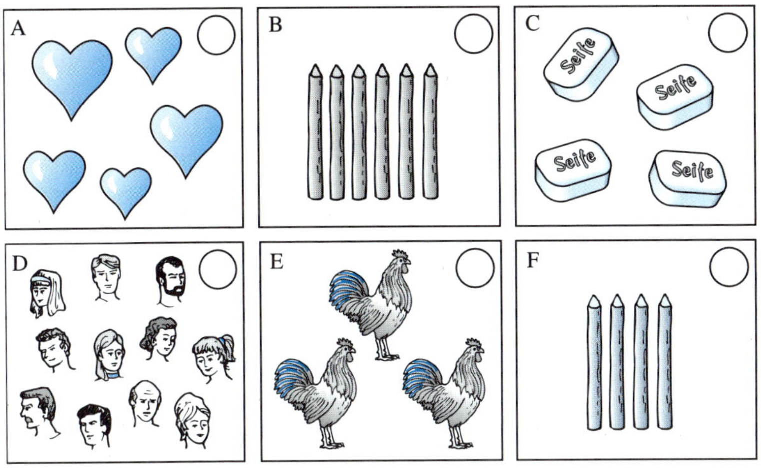

Betrachte jedes der Bilder nur kurz. Versuche jeweils die Anzahl der abgebildeten Gegenstände auf einen Blick zu erkennen. Zähle dabei aber nicht! Kreuze die an, auf denen du die Anzahl gleich erkannt hast.

In den Bildern _____ kann man die Anzahl auf einen Blick erkennen.

Die Bilder _____ zeigen jeweils mehr als 5 Gegenstände. Diese kann man kaum ohne abzuzählen erkennen.

Betrachte nun die Bilder G und H. Gib jeweils die Anzahl der Münzen an.

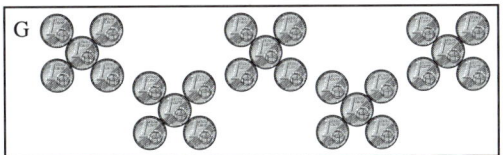

Anzahl der Münzen: _____   Anzahl der Münzen: _____

Die Anzahl der Münzen in Bild _____ kann man schneller erkennen, weil:

_____

Große Anzahlen kann man leichter zählen, wenn man sie „bündelt". Im Allgemeinen verwendet man „Fünfer-Bündel". Zwei „Fünfer-Bündel" zusammen ergeben ein „Zehner-Bündel". Die beiden Hände des Menschen sind ein Beispiel dafür. Aus diesem Grund hat sich wohl auch ein Zahlensystem entwickelt, das jeweils zehn Einheiten zusammenfasst. Dieses Zehnersystem benötigt zehn verschiedene Zahlzeichen (Ziffern), mit denen man beliebig große Zahlen schreiben kann.

Zahl
$\overbrace{4 \; 2}$
Ziffer Ziffer

Im Zehnersystem (Dezimalsystem) werden alle Zahlen mit Hilfe der arabischen Ziffern 0; 1; 2; 3; 4; 5; 6; 7; 8; 9 gebildet. Der Wert einer Ziffer hängt davon ab, an welcher Stelle sie innerhalb einer Zahl steht. Daher nennt man unser Zahlensystem auch ein **Stellenwertsystem**.

Die Zahlen 1; 10; 100; 1000;... nennt man die Stufenzahlen des Zehnersystems.

Billionen			Milliarden Mrd.			Millionen Mio.			Tausender T					
H	Z	E	H	Z	E	H	Z	E	H	Z	E	H	Z	E
												1	0	0	0
								1	0	0	0	0	0	0
		1	0	0	0	0	0	0	0	0	0	0	0	0

Zahlen und Rechnen mit natürlichen Zahlen

1 Schreibe in Worten. Beachte dabei:
Zahlwörter unter einer Million schreibt man klein und zusammen;
Zahlen über einer Million schreibt man getrennt.

Stufenzahl	Zahlwort
1	*eins*
10	_____
100	_____
1 000	_____
10 000	_____
100 000	_____
1 000 000	_____
10 000 000	_____
100 000 000	_____
1 000 000 000	_____
10 000 000 000	_____

2 Die Stellen im Stellenwertsystem werden immer von rechts nach links gezählt.

	Stellenwert
a) 2. Stelle	*Zehner*
b) 4. Stelle	_____
c) 7. Stelle	_____
d) 10. Stelle	_____

3 Mit wie vielen Nullen schreibt man die folgenden Zahlen?

Zahl	Nullen	Zahl	Nullen
zehntausend	____	1 Mrd.	____
1 Million	____	100 Mrd.	____
100 Millionen	____	1 Billion	____

4 Schreibe die Zahlen in die Stellenwerttafel.
a) 6 060   b) zweihundertsechs Millionen
c) 23 098   d) vierundvierzigtausendeinhundert

Millionen Mio.			Tausender T					
H	Z	E	H	Z	E	H	Z	E

5 Schreibe wie im Beispiel.

$3\,409 = 3 \cdot 1\,000 + 4 \cdot 100 + 0 \cdot 10 + 9 \cdot 1$

78 = _____

708 = _____

780 = _____

7 080 = _____

7 008 = _____

7 865 = _____

zusätzliche Aufgaben

6 Legt man 100 Zehn-Euro-Scheine fest aufeinander, so ergibt dies einen Stapel von 1 cm Höhe.
a) Wie hoch ist ein Stapel mit 1 000 Geldscheinen?
b) Welche Höhe hat ein Stapel mit 10 000 Scheinen?
c) Ein Stapel mit 1 Million Scheinen wäre 100 m hoch. Wie hoch würde ein Stapel mit 1 Milliarde Scheinen?
d) Welche Höhe hätten die Zehn-Euro-Geldscheine im Wert von 1 Billion €?

7 Gib jeweils an, wie viele Millionen es sind.
a) 1 Mrd.   b) 10 Mrd.   c) 4 Mrd.   d) 25 Mrd.   e) 110 Mrd.

8 Gib an, wie viele Milliarden es jeweils sind.
a) 1 Billion   b) 4 Billionen   c) 10 Billionen
d) 14 Billionen   e) 123 Billionen   f) 999 Billionen

9
a) Welche Zahl ist tausendmal größer als 1 000?
b) Welche Zahl erhält man, wenn man 10 Milliarden mit 100 multipliziert?
c) Welches Ergebnis erhält man, wenn man die Zahl 100 (1 000) mit sich selbst multipliziert?
d) Berechne den millionsten Teil einer Milliarde.

Zahlen und Rechnen mit natürlichen Zahlen

10 Vergleiche die Zahlen und setze eines der Zeichen <, = oder > ein.

a)
61 ☐ 16
123 ☐ 132
598 ☐ 589
870 ☐ 780
1 212 ☐ 1 221

b)
20 010 ☐ 20 100
123 471 ☐ 123 741
10 Mio. ☐ 100 000 000
100 Mrd. ☐ 1 Billion
10 000 Mio. ☐ 10 Mrd.
1 000 000 Mio. ☐ 1 Billion

11 Trage jede der Ziffern 1; 3; 7; 9 genau einmal in die Felder ein, so dass

a) die größtmögliche Zahl entsteht.
☐ ☐ ☐ ☐

b) die kleinstmögliche Zahl entsteht.
☐ ☐ ☐ ☐

c) die größtmögliche Zahl, die kleiner als 5 000 ist entsteht.
☐ ☐ ☐ ☐

12 Schreibe jeweils mit Hilfe von Ziffern.

a) Der Deutsche Bundestag hatte in einer Wahlperiode **sechshundertzweiundsiebzig** Abgeordnete.

Der Bundestag hatte _____ Abgeordnete.

b) Aachen hat **zweihundertachtundvierzigtausend** Einwohner.
Aachen hat _____ Einwohner.

c) Bremen hat rund **fünfhundertfünfzigtausend** Einwohner.
Bremen hat rund _____ Einwohner.

d) Deutschland hat etwa **einundachtzig Millionen** Einwohner.
Deutschland hat etwa _____ Einwohner.

13 **Neunzehnhundertdreiundzwanzig** gab es in Deutschland eine Geldentwertung. Dies bedeutete, dass das Geld sehr wenig Wert war und man für Waren sehr hohe Beträge bezahlen musste.
Ein Liter Milch kostete **dreihundert Milliarden** Mark, ein Kilogramm Kartoffeln gab es für **einhundertzwanzig Milliarden** Mark, ein Laib Brot kostete **vierhundertzwanzig Milliarden** Mark und ein Kilogramm Butter sogar **fünftausendzweihundert Milliarden** Mark.
Notiere die Zahlenangaben mit Ziffern.

Jahreszahl: _____

Preis für
1 Liter Milch: _____ Mark

1 kg Kartoffeln: _____ Mark

1 Laib Brot: _____ Mark

1 kg Butter: _____ Mark

zusätzliche Aufgaben

14 Notiere und lies dann laut:
a) die größtmögliche Zahl,
b) die kleinstmögliche Zahl,
die man im Zehnersystem schreiben kann, wenn man jede der zehn Ziffern genau einmal verwendet.

15 Schreibe mit Ziffern.
a) achtzehnhundertachtzehn   b) sechzehnhundertachtundvierzig
c) siebzehnhunderteins   d) neunzehnhundertneunzehn
e) elfhundertelf   f) vierzehnhundertachtundneunzig

16 Schreibe in Worten.
a) 1 419   b) 3 006   c) 1 564 200
d) 6 024 440   e) 777 777   f) 50 602

17
Für die riesigen Entfernungsangaben im Weltall wird auch die Maßeinheit „Lichtjahr" verwendet. 1 Lichtjahr ist die Strecke, die das Licht in einem Jahr zurücklegt. Das sind etwa 10 Billionen Kilometer.
a) Der nächste Fixstern ist von der Erde etwa 4 Lichtjahre entfernt. Gib die Entfernung mit Ziffern an.
b) Wie vielen Kilometern entspricht ein halbes Lichtjahr?

18
Vier 2-Euro-Stücke ergeben in einer Reihe aneinander gelegt eine Strecke von 10 cm. In Europa sind etwa 800 Mio. solcher Münzen im Umlauf. Wie lang wäre ein lückenloses „Münzband", das man mit diesen Münzen legen könnte (Angabe in km)?

Zahlen und Rechnen mit natürlichen Zahlen

2 Runden von Zahlen

Der größte Teil der Erdoberfläche ist mit Wasser bedeckt. Aber nur etwa der 4000. Teil dieses Wassers fließt als Süßwasser in unseren Flüssen.

Längen bedeutender Flüsse

Nil	*6 671 km*
Amazonas	*6 437 km*
Mississippi	*3 778 km*
Wolga	*3 531 km*
Donau	*2 858 km*
Rhein	*1 320 km*
Elbe	*1 165 km*

Längen bedeutender Flüsse

Nil	*6 700 km*
Amazonas	*6 400 km*
Mississippi	*3 800 km*
Wolga	*3 500 km*
Donau	*2 900 km*
Rhein	*1 300 km*
Elbe	*1 200 km*

Betrachte die Flusslängen. Kreuze dann alle richtigen Aussagen an.

Die Längenangaben **links** sind
○ nicht gerundet.
○ auf ganze Kilometer gerundet.
○ auf zehn Kilometer gerundet.
○ auf hundert Kilometer gerundet.
○ genauer als die Angaben in der rechten Spalte.
○ wahrscheinlich in einem Lexikon zu finden.
○ zum Auswendiglernen geeignet.

Die Längenangaben **rechts** sind
○ nicht gerundet.
○ auf ganze Kilometer gerundet.
○ auf zehn Kilometer gerundet.
○ auf hundert Kilometer gerundet.
○ genauer als die Angaben in der linken Spalte.
○ wahrscheinlich in einem Lexikon zu finden.
○ zum Auswendiglernen geeignet.

Zahlen mit vielen Stellen werden im Alltag häufig gerundet. Gerundete Zahlen lassen sich besser merken und leichter veranschaulichen.
Vor dem Runden einer Zahl muss man zuerst die **Rundungsstelle** (Zehner, Hunderter, Tausender, ...) festlegen. Die Ziffer, die **rechts** von der Rundungsstelle steht, ist für das Runden maßgebend.

Bei gerundeten Zahlen wird das Zeichen ≈ (ungefähr, rund) verwendet.

Man schreibt: 28 917 ≈ 29 000

Rundungsstelle (Tausender) — Steht hier eine 5, 6, 7, 8, 9, so wird **aufgerundet**.

37 589 ≈ 38 000 (aufgerundet)
37 489 ≈ 37 000 (abgerundet)

— Steht hier eine 0, 1, 2, 3, 4, so wird **abgerundet**.

Zahlen und Rechnen mit natürlichen Zahlen

1 Markiere zuerst die Rundungsstelle und runde dann auf

a) Zehner: 89 3_4_8   ≈ 89 350

b) Hunderter: 89 348   _____

c) Tausender: 89 348   _____

d) Zehntausender: 89 348   _____

e) Hunderttausender: 89 348   _____

2 Runde die Zahl 127 819 auf

a) Zehner: _____

b) Hunderter: _____

c) Tausender: _____

d) Zehntausender: _____

e) Hunderttausender: _____

3
a) Runde 7 097 auf Zehner:

_____

b) Runde 19 997 auf Hunderter:

_____

c) Runde 345 135 auf Zehntausender:

_____

d) Runde 3 499 999 auf Millionen:

_____

e) Runde 3 500 000 auf Millionen:

_____

4 Runde die Geldbeträge des folgenden Kassenzettels so, dass du sie im Kopf addieren kannst. Es ist sinnvoll auf
○ Cent
○ ganze Euro
○ zehn Euro
zu runden.

SuperPreis
Der preiswerte Markt!

Waschmittel	5,99 €
Schreibwaren	0,98 €
Putzmittel	1,80 €
Süßwaren	1,10 €
Fotoartikel	3,90 €
Fleischwaren	12,70 €

Der Gesamtpreis der Waren beträgt ungefähr

_____ €.

5 Das Streckennetz der Eisenbahnen hatte im Jahr 2000 in den einzelnen Ländern die angegebenen Längen. Runde die Angaben auf Tausender.

Deutschland: 42 833 km _____ km

Frankreich: 32 731 km _____ km

England: 17 528 km _____ km

Italien: 16 112 km _____ km

Spanien: 13 041 km _____ km

Die aufgeführten Länder haben zusammen ein

Streckennetz von rund _____ km.

zusätzliche Aufgaben

6 Bei einer Verbrauchermesse werden am Samstag 5 612 Besucher und am Sonntag 6 719 Besucher gezählt. Der Veranstalter rundet die Besucherzahlen an jedem Tag auf Zehntausender und gibt folgende Pressemitteilung heraus: „Riesenerfolg für unseren Messestandort. An einem Wochenende besuchten rund 20 000 Besucher die Messe." Was meinst du dazu?

7 Städte, die mindestens 100 000 Einwohner haben, bezeichnet man als Großstädte. Eine Stadt mit 98 719 Einwohnern sagt, sie habe rund hunderttausend Einwohner und möchte sich zu den Großstädten zählen. Was meinst du dazu?

8 Die Tabelle gibt einige Berge, ihre Lage und Höhe an. Runde die Höhenangaben so, dass du sie dir leicht merken kannst.

Berg	Lage	Höhe ü. d. M.
Mount Everest	Himalaya	8 848 m
Mont Blanc	Französische Alpen	4 807 m
Zugspitze	Bayerische Alpen	2 963 m
Feldberg	Schwarzwald	1 493 m
Erbeskopf	Hunsrück	816 m
Hohe Acht	Hocheifel	747 m

Zahlen und Rechnen mit natürlichen Zahlen

3 Ordnen und Darstellen von Zahlen

Die Erde ist zu einem Drittel mit Land bedeckt. Aber nur der 5. Teil der Landfläche kann landwirtschaftlich genutzt werden. Daher hat sich der Mensch schon lange das Meer als zusätzliche Nahrungsquelle erschlossen. Insbesondere die oberen Wasserschichten sind reich an Fischen und Meerestieren. Durch Wasserverschmutzung und durch den Einsatz großer Fang- und Fabrikschiffe sind die Fischbestände jedoch stark gefährdet.

Von der deutschen Hochsee- und Küstenfischerei wurden in einem Jahr die folgenden Fangmengen erreicht.
Lies die ungefähren Fangmengen aus dem Schaubild (rechts) ab und ergänze dann die Werte in der Tabelle (links) mit Hilfe der Angaben auf der Randspalte.

Fischart	Fangmenge
Kabeljau	_____
Seelachs	_____
Rotbarsch	_____
Hering	_____
Makrele	_____

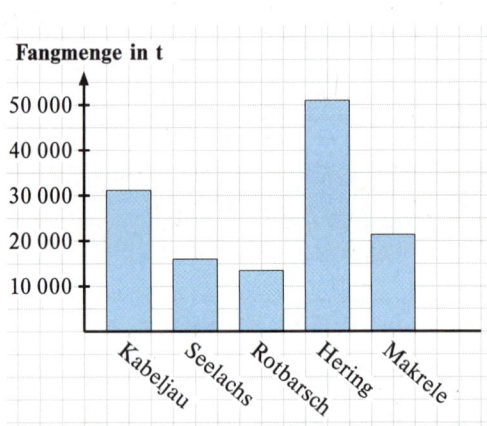

Große Zahlen lassen sich mit Hilfe von Schaubildern übersichtlich darstellen und veranschaulichen. Man rundet die Zahlen zuerst, so dass sie sich leicht darstellen und ablesen lassen. Es gibt viele Arten von Schaubildern; häufig werden aber Blockschaubilder oder Schaubilder mit Bildzeichen verwendet.

Blockschaubilder: **Schaubild mit Bildzeichen:**

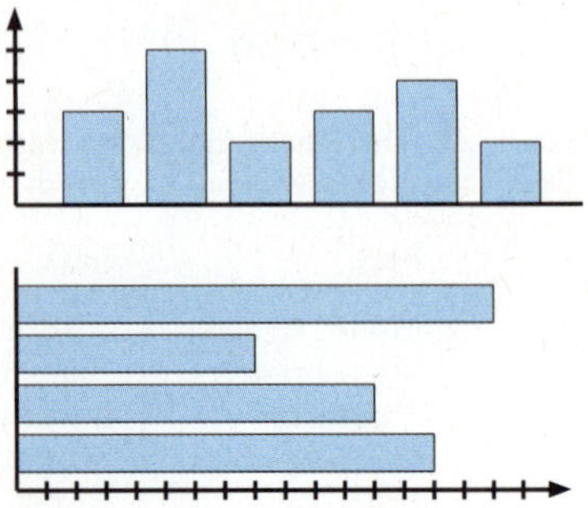

Zahlen und Rechnen mit natürlichen Zahlen

1 Modernes Ernährungsverhalten ist oft ungesund. Insbesondere der Fettgehalt unserer Nahrungsmittel ist zu hoch. Dies zeigt folgendes Blockschaubild.

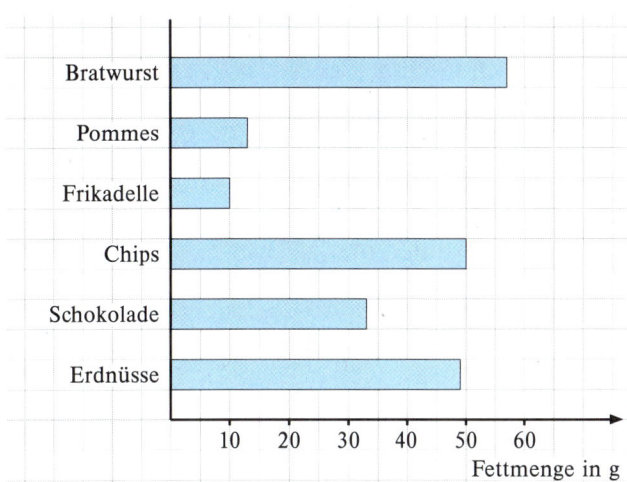

Ergänze die jeweilige Fettmenge, die in 100 g des Nahrungsmittels enthalten ist. Nimm das Schaubild und die auf den Kärtchen angegebenen Mengen zur Hilfe.

Bratwurst _____   Pommes _____

Frikadelle _____   Chips _____

Schokolade _____   Erdnüsse _____

2 Runde die Einwohnerzahlen der deutschen Großstädte auf jeweils hunderttausend und stelle sie dann im Blockschaubild dar (1 cm ≙ 1 Mio. Einwohner).

Stadt	Einwohnerzahl ungerundet	gerundet
Berlin	3 458 763	≈ 3 500 000
Hamburg	1 707 986	_____
München	1 225 809	_____
Köln	964 346	_____
Frankfurt/M.	647 304	_____

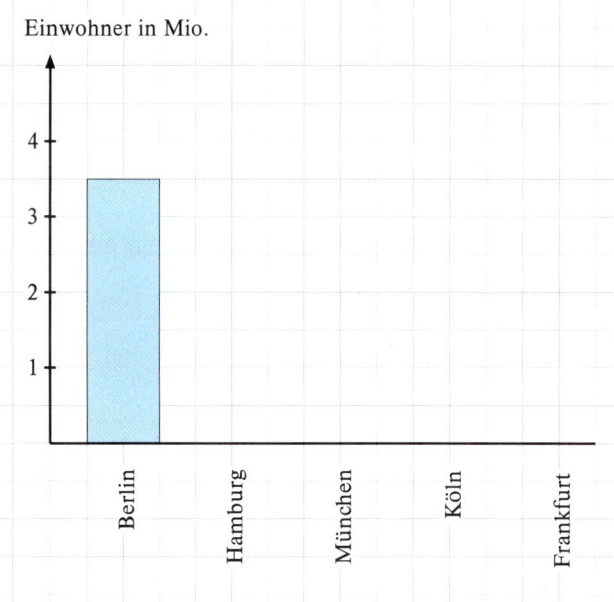

zusätzliche Aufgaben

3 In Deutschland werden jährlich mehr als zwei Millionen Autos verschrottet.
Ein altes Schrottauto mit einem Gewicht von 1 000 kg besteht etwa aus folgenden Materialien.

500 kg Stahl   150 kg Gusseisen   50 kg sonstige Metalle
50 kg Gummi   100 kg Kunststoffe 50 kg Glas
100 kg sonstige Materialien

Zeichne ein Blockdiagramm. Wähle in der Darstellung 1 cm für ein Gewicht von 100 kg.

4 Ein Reiseveranstalter führte, um besser vorplanen zu können, eine Umfrage durch. Von je 100 Befragten gaben als Reiseziel für den nächsten Urlaub an:

Deutschland 22   Spanien 13   Italien 9
Österreich 8   Griechenland 7   Türkei 5

Veranschauliche die Ergebnisse in einem Blockschaubild.

5 Die Weltbevölkerung ist im Laufe der Jahrhunderte enorm angewachsen. Dies zeigen folgende Zahlen.

Jahr	Weltbevölkerung	Jahr	Weltbevölkerung
1750	700 Millionen	1900	1 600 Millionen
1800	900 Millionen	1950	2 500 Millionen
1850	1 300 Millionen	2000	6 300 Millionen

Wähle zuerst eine geeignete Achseneinteilung und zeichne dann ein Blockschaubild.

6 Der durchschnittliche Benzinverbrauch bei Pkws hat sich im Laufe der letzten Jahre verringert.

1990: 9,6 ℓ je 100 km
1997: 8,9 ℓ je 100 km
2010: 7,4 ℓ je 100 km (Prognose)

Stelle die Verbräuche in einem geeigneten Blockdiagramm dar.

Zahlen und Rechnen mit natürlichen Zahlen

7 Die Tabelle enthält, in alphabetischer Reihenfolge, die Höhen von einigen der bekanntesten Bauwerken der Erde.

Eiffelturm Paris (F)	301 m
Fernsehturm Berlin (D)	365 m
Messeturm Frankfurt (D)	259 m
Petronas Towers (Malaysia)	452 m
World Trade Center (USA)	417 m

a) Runde zuerst die Höhenangaben so, dass du sie im Schaubild gut darstellen kannst. Ordne die Gebäude dann nach ihren gerundeten Höhen. Beginne beim höchsten Bauwerk.

Bauwerk	gerundete Höhe
_____	_____
_____	_____
_____	_____
_____	_____
_____	_____

b) Erstelle mit Hilfe der Höhenangaben ein Blockdiagramm.

8 Der Biber ist das größte europäische Nagetier. Wegen seines Felles wurde der Biber sehr stark gejagt und bis Ende des 19. Jahrhunderts fast völlig ausgerottet. Infolge strenger Schutzmaßnahmen konnten sich die Bestände wieder vergrößern. Das Schaubild zeigt die Entwicklung in einem untersuchten Gebiet (🦫 ≙ 100 Tiere).

1900: 🦫🦫
1970: 🦫🦫🦫🦫
1980: 🦫🦫🦫🦫 🦫🦫🦫🦫
1990: 🦫🦫🦫🦫🦫 🦫🦫🦫🦫🦫 🦫🦫
2000: 🦫🦫🦫🦫🦫 🦫🦫🦫🦫🦫 🦫🦫🦫🦫🦫 🦫

a) Notiere die Anzahl der Tiere für die einzelnen Jahre.

1900: _____   1970: _____

1980: _____   1990: _____

2000: _____

b) Zeichne mit Hilfe der oben stehenden Werte ein Blockdiagramm. Wähle eine geeignete Achseneinteilung.

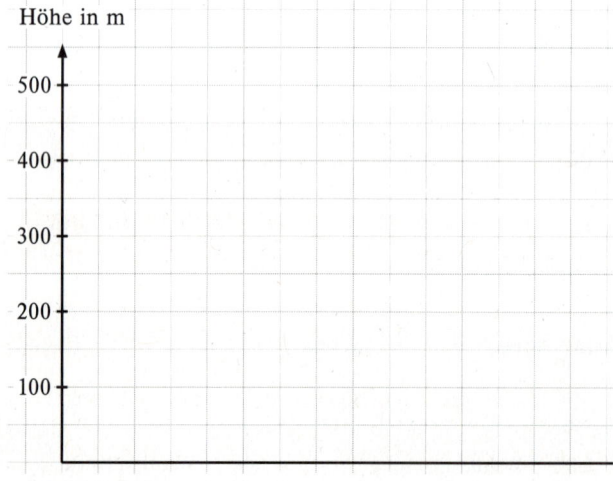

zusätzliche Aufgaben

9 Eine Umfrage nach den Lieblingsfächern der Schüler ergab folgende Strichliste.

Deutsch:	JHT	Mathematik:	JHT JHT III
Englisch:	JHT JHT	Biologie:	JHT JHT JHT
Technik:	JHT JHT JHT III	Musik:	JHT JHT II

Veranschauliche die Ergebnisse in einem Blockdiagramm. Welches sind die drei beliebtesten Fächer?

10 Wintersportler erreichen bei der Ausübung ihrer Sportart zum Teil sehr hohe Spitzengeschwindigkeiten.

Ski-Abfahrt (Herren)	ca. 140 km/h
Bob (Vierer)	ca. 140 km/h
Rodel (Einer)	ca. 140 km/h
Ski-Abfahrt (Damen)	ca. 130 km/h
Ski-Springen	ca. 100 km/h
Eisschnelllauf	ca. 50 km/h

Zeichne ein geeignetes Schaubild.

4 Kopfrechnen: Addition und Subtraktion

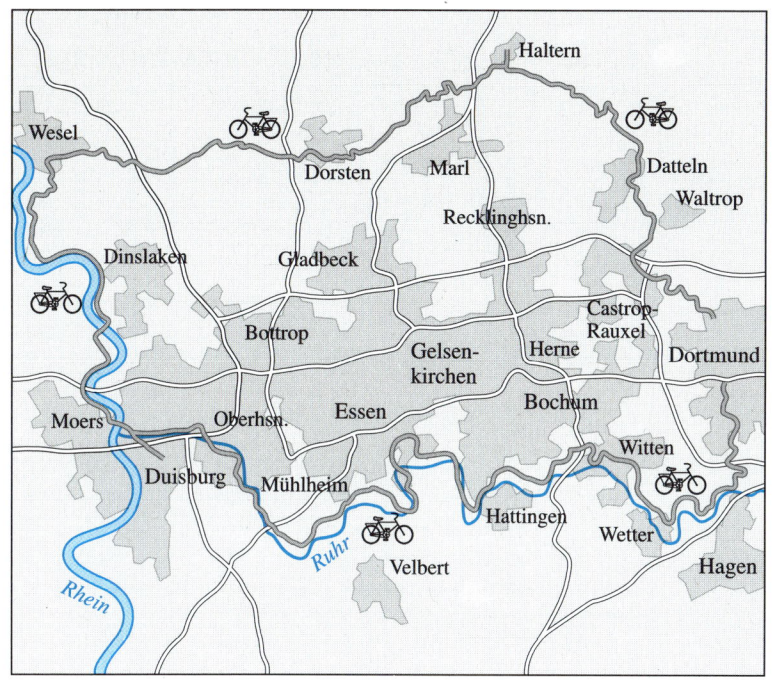

Das Ruhrgebiet in Nordrhein-Westfalen ist besonders als Industriestandort bekannt. Weniger bekannt hingegen ist, dass das Ruhrgebiet am Rande der dicht besiedelten Räume über viele landschaftliche Schönheiten verfügt. Sie lassen sich mit dem Fahrrad besonders gut „erfahren".
Die auf der Straßenkarte vorgeschlagene mehrtägige Radtour gliedert sich in fünf Tagesetappen mit ähnlichen Streckenlängen. Start- und Zielort der Rundtour ist Dortmund.

1. Tag: Dortmund – Haltern   46 km
2. Tag: Haltern – Wesel   49 km
3. Tag: Wesel – Duisburg   41 km
4. Tag: Duisburg – Hattingen   55 km
5. Tag: Hattingen – Dortmund   44 km

1. Markiere in der Straßenkarte die fünf Tagesetappen mit unterschiedlichen Farben und trage die jeweiligen Streckenlängen ein.

2. Notiere die Kilometerangaben der Tagesetappen so, dass du anschließend die Gesamtkilometerzahl leicht im Kopf berechnen kannst.

    ☐ + ☐ + ☐ + ☐ + ☐ = ☐

3. Wie viele Kilometer fehlen am Ende des 3. Tages noch bis zum Erreichen der 200-km-Grenze? Rechne im Kopf.

Es fehlen noch _____ km bis zum Erreichen der 200-km-Grenze.

Additions- und Subtraktionsaufgaben lassen sich leichter im Kopf berechnen, wenn man sich vor dem Rechnen überlegt, wie sich die Zahlen geschickt zusammenfassen oder zerlegen lassen.

Bei der Addition darf man die Reihenfolge der Summanden vertauschen.

Die Addition und die Subtraktion sind Grundrechenarten. Man nennt sie auch die „Strichrechnungen", weil die Rechenzeichen + und − aus Strichen bestehen.

Addition

Summand plus Summand

$\underbrace{41 \; + \; 17}_{\text{Summe}} = 58$

Subtraktion

1. Zahl minus 2. Zahl
(Minuend)   (Subtrahend)

$\underbrace{58 \; - \; 41}_{\text{Differenz}} = 17$

Zahlen und Rechnen mit natürlichen Zahlen

1 Rechne im Kopf und notiere die Ergebnisse.

a) 22 + 7 = _____ b) 6 + 8 = _____

   32 + 7 = _____   16 + 8 = _____

   42 + 7 = _____   36 + 8 = _____

   7 + 52 = _____   56 + 8 = _____

   7 + 62 = _____   56 + 18 = _____

   72 + 7 = _____   56 + 28 = _____

c) 17 + 13 = _____ d) 141 + 18 = _____

   37 + 13 = _____   138 + 11 = _____

   37 + 23 = _____   178 + 21 = _____

   47 + 23 = _____   218 + 31 = _____

   57 + 33 = _____   361 + 28 = _____

   67 + 43 = _____   381 + 28 = _____

2 Rechne ebenfalls im Kopf. Gehe geschickt vor.

a) 28 − 5 = _____ b) 112 − 11 = _____

   48 − 5 = _____   112 − 21 = _____

   88 − 5 = _____   112 − 41 = _____

   98 − 5 = _____   122 − 41 = _____

   108 − 5 = _____   132 − 51 = _____

   108 − 15 = _____   142 − 61 = _____

3 Rechne im Kopf und fülle die Tabelle aus. Gehe möglichst geschickt vor.

+	25	45	55	85
5				
35				
145				
17				
47				
217				
83				
113				

4 Trage in die eckigen Felder die fehlenden Zahlen und in die kreisförmigen Felder die richtigen Rechenzeichen und Zahlen ein.

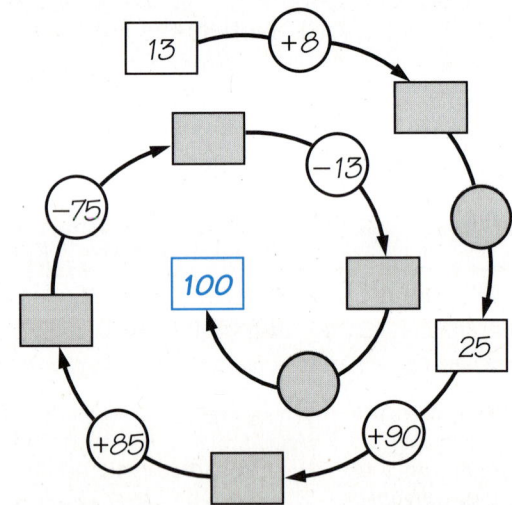

zusätzliche Aufgaben

5 Fasse „passende" Summanden zusammen und rechne dann im Kopf.

a) 18 + 7 + 15 + 10
   27 + 15 + 8 + 10
   33 + 18 + 7 + 20
   44 + 15 + 25 + 16
   85 + 27 + 20 + 13

b) 135 + 150 + 65 + 50
   235 + 55 + 145 + 65
   325 + 75 + 37 + 143
   1 300 + 250 + 700 + 150
   2 700 + 500 + 800 + 6 000

6 Rechne möglichst geschickt.

a) 38 kg + 12 kg − 7 kg − 3 kg
   47 m − 22 m + 25 m + 75 m
   98 km − 18 km + 40 km + 30 km
   66 g − 12 g − 9 g + 51 g

b) 158 € + 22 € + 40 € − 20 €
   359 € + 41 € − 65 € − 35 €
   616 € − 20 € − 46 € + 150 €
   881 € + 119 € − 550 € + 25 €

7 Berechne die Platzhalter im Kopf.

a) 33 + ♦ = 50
   333 + ♦ = 350
   350 − ♦ = 17
   450 − ♦ = 405
   405 + ♦ = 450

b) 275 + ♦ = 1 000
   2 000 = 1 275 + ♦
   1 975 + ♦ = 3 000
   2 800 − ♦ = 1 995
   8 550 = 9 100 − ♦

8 Übertrage die Rechenketten ins Heft und setze sie um jeweils vier weitere Schritte fort. Berechne das Ergebnis im Kopf.

a) 28 + 7 + 7 + 7 + 7 + …
b) 27 + 9 + 9 + 9 + 9 + 9 + …
c) 18 + 5 + 5 + 5 + 5 + 5 + …
d) 60 + 12 + 12 + …
e) 15 + 2 + 3 + 4 + 5 + …
f) 40 + 2 + 4 + 6 + 8 + …
g) 125 + 5 + 10 + 15 + …
h) 125 − 5 − 5 − 5 − …

Zahlen und Rechnen mit natürlichen Zahlen

9 Die Zahlenmauern sind so aufgebaut, dass die Summe zweier Zahlen die Zahl im Mauerstein der darüber liegenden Reihe ergibt. Bestimme die fehlenden Zahlen.

a)
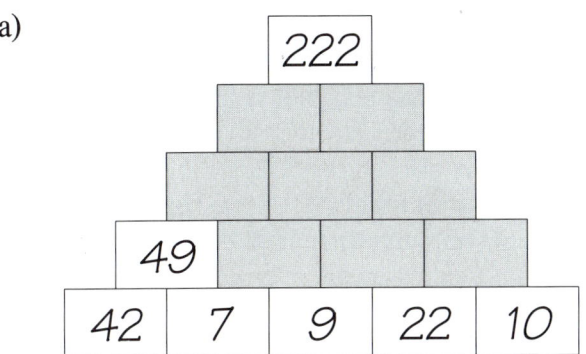

b)

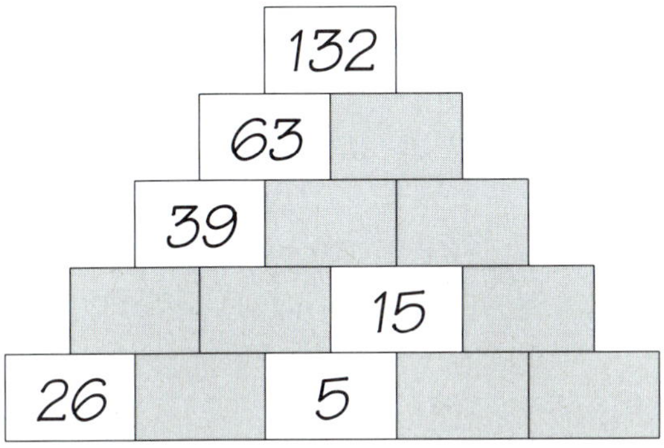

10 Die Summe zweier Zahlen beträgt 356. Der erste Summand ist 186.

Der zweite Summand ist _____ .

11 Subtrahiert man von einer gedachten Zahl die Zahl 85, so erhält man 85.

Die gedachte Zahl ist _____ .

12 Die Differenz zweier Zahlen beträgt 450. Die kleinere Zahl ist 370.

Die größere Zahl ist _____ .

13 Drei Freunde messen ihre Körpergröße und stellen fest, dass sie zusammen 5 m groß sind. Der kleinste der Freunde ist 155 cm groß. Der größte der drei überragt den kleinsten um 20 cm. Wie groß ist der dritte Freund?
a) Notiere den gefundenen Lösungsweg, rechne aber im Kopf.

Der dritte Freund ist _____ cm groß.

b) Findest du noch einen weiteren Rechenweg? Notiere:

14 Bei einem Schulfest betragen die Einnahmen des Fördervereins 875 €. Von diesem Betrag müssen zwei Rechnungen über 127 € und über 298 € bezahlt werden. Welcher Betrag bleibt dem Förderverein?
Notiere den Rechenweg. Rechne im Kopf.

Dem Förderverein bleiben _____ €.

zusätzliche Aufgaben

15 Notiere den Rechenweg, rechne im Kopf.
a) Berechne die Summe aus zweihundertachtundvierzig und zwölf.
b) Subtrahiere neuntausenddreihundert von 10 500.
c) Wie viel fehlt von achthundertzwanzigtausend bis zu einer Million?

16 Eine Wanduhr schlägt zu jeder vollen Stunde mit einem, zwei, drei, ... Schlägen.
Wie oft schlägt sie im Laufe von 24 Stunden?

17 Bettina möchte, dass ihre Eltern einen zweiten Hund anschaffen. Die Eltern sind von dieser Idee nicht begeistert und rechnen die jährlichen Kosten vor.

Hundenahrung:	850 €	Hundesteuer:	90 €
Impfungen:	75 €	Hundespielzeug:	90 €
sonst. Tierarztkosten:	80 €	Leine/Halsband:	40 €
Versicherung:	75 €	sonstige Auslagen:	40 €

Notiere die Einzelbeträge in geschickter Reihenfolge und berechne dann den Gesamtbetrag im Kopf.

Zahlen und Rechnen mit natürlichen Zahlen

5 Schriftliche Addition und Subtraktion

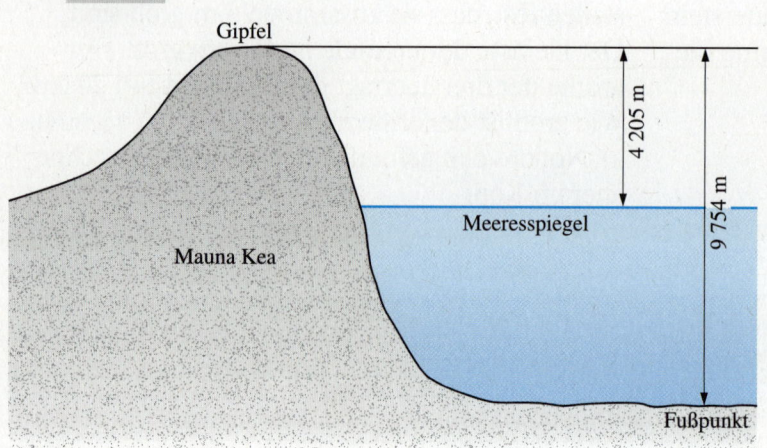

Der höchste Berg der Erde ist der Mount Everest. Sein Fußpunkt und sein Gipfel liegen über dem Meeresspiegel. Es gibt allerdings auch Berge, die ihren Fußpunkt unter dem Meeresspiegel haben und deren Gipfel über dem Meeresspiegel liegt. Der höchste derartige Berg ist der erloschene Vulkan Mauna Kea (Weißer Berg) auf der Insel Hawaii (USA). Die Bergkuppe liegt 4 205 m über dem Meeresspiegel. Der Berg ragt insgesamt 9 754 m vom Ozeanboden auf.

*Führe zu jeder schriftlichen Rechnung zuerst eine Rechnung mit gerundeten Zahlen im Kopf durch. Man nennt dies eine **Überschlagsrechnung**.*

1. Berechne, wie viele Meter des Mauna Kea unter der Wasseroberfläche liegen.

   Überschlag: _____
   Rechnung (schriftlich):

2. Der Gipfel des Mt. Everest liegt 4 643 m über dem höchsten Punkt des Mauna Kea. Wie viel Meter über dem Meeresspiegel liegt der Gipfel des Mt. Everest?

   Überschlag: _____
   Rechnung (schriftlich):

Beachte beim schriftlichen Addieren/Subtrahieren folgende Schritte:
1. Überschlagsrechnung
2. Schreibe die Zahlen stellenrichtig untereinander.
3. Addiere/Subtrahiere stellenweise. Beginne ganz rechts. Achte dabei besonders auf den Übertrag und notiere ihn in der Leerzeile.
4. Vergleiche das Ergebnis mit der Überschlagsrechnung.

Schriftliche Addition

Aufgabe: 3 094 + 6 535
Überschlag: 3 100 + 6 500 = 9 600
Rechnung:

```
    3 0 9 4     Summand
+   6 5 3 5     Summand
        1       Übertrag
    9 6 2 9     Ergebnis
```

Schriftliche Subtraktion

Aufgabe: 3 792 − 1 278
Überschlag: 3 800 − 1 300 = 2 500
Rechnung:

```
    3 7 9 2     1. Zahl (Minuend)
−   1 2 7 8     2. Zahl (Subtrahend)
        1       Übertrag
    2 5 1 4     Ergebnis
```

16 Zahlen und Rechnen mit natürlichen Zahlen

1 Berechne schriftlich. Führe zuerst im Kopf eine Überschlagsrechnung (Ü) durch.

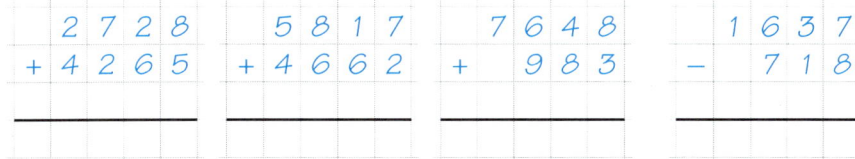

a) Ü: _____   b) Ü: _____   c) Ü: _____

```
  3 2 4        6 1 9        5 7 6
+ 4 5 3      + 3 4 7      + 3 2 7
———————      ———————      ———————
```

d) Ü: _____   e) Ü: _____   f) Ü: _____

```
  2 7 2 8      5 8 1 7      7 6 4 8
+ 4 2 6 5    + 4 6 6 2    +   9 8 3
———————————  ———————————  ———————————
```

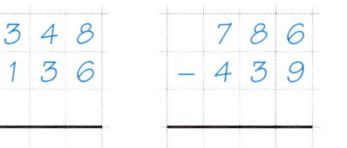

2 Schreibe die Zahlen stellenrichtig untereinander und berechne die Summen.

a) 4 308 + 5 647   b) 6 716 + 3 401 + 1 382

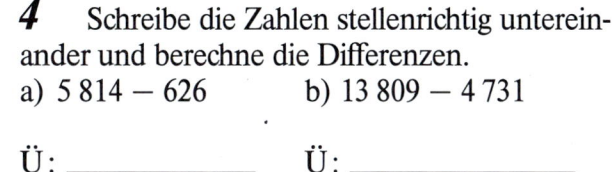

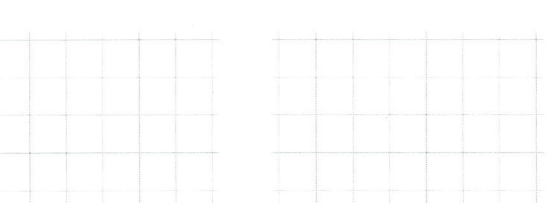

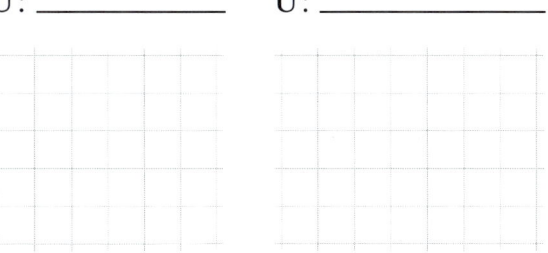

Ü: _____   Ü: _____

c) 23 436 + 48 352   d) 43 308 + 114 619 + 841

Ü: _____   Ü: _____

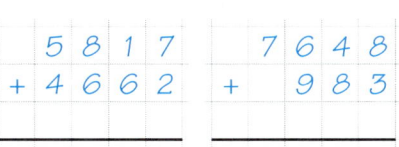

3 Subtrahiere. Vergiss die Überschlagsrechnung nicht.

a) Ü: _____   b) Ü: _____   c) Ü: _____

```
  3 4 8        7 8 6        9 1 2
- 1 3 6      - 4 3 9      - 6 6 7
———————      ———————      ———————
```

d) Ü: _____   e) Ü: _____   f) Ü: _____

```
  1 6 3 7      4 6 1 2      7 2 3 7
-   7 1 8    - 3 3 8 4    - 4 6 0 9
———————————  ———————————  ———————————
```

4 Schreibe die Zahlen stellenrichtig untereinander und berechne die Differenzen.

a) 5 814 − 626   b) 13 809 − 4 731

Ü: _____   Ü: _____

c) 67 008 − 8 104   d) 108 486 − 67 891

Ü: _____   Ü: _____

zusätzliche Aufgaben

5 Führe vor jeder Rechnung eine Überschlagsrechnung durch.
a)   236 + 362   b)   773 + 226
c)   2 034 + 776   d)   9 411 + 6 027
e) 14 624 + 13 387   f) 78 156 + 99 231
g) 231 034 + 4 098   h)   6 548 + 97 343

6 Berechne. Vergiss die Überschlagsrechnung nicht.
a)   789 − 317   b)   898 − 454
c)   1 354 − 723   d)   7 684 − 3 578
e)   9 003 − 6 019   f) 27 478 − 13 398

7 Berechne.
a) 546 + 657 + 132   b) 2 347 + 7 012 + 6 540
c) 23 498 + 516 901 + 41 804   d) 88 967 − 71 298
e) 436 831 − 99 732   f) 1 287 693 − 878 539
g) 76 432 − 5 911 − 529   h) 1 Mio. − 99 999 − 1

8
a) Bilde die Summe der Zahlen 345 678 und 56 729.
b) Wie groß ist die Differenz zwischen dreihundertfünftausendsieben und achtundachtzigtausenddreihundertzwölf?

Zahlen und Rechnen mit natürlichen Zahlen **17**

9 Sind von einer Zahl mehrere Zahlen zu subtrahieren, so gibt es mehrere Lösungswege.

853 – 146 – 93   Ü: 850 – 150 – 90 = 610

1. Möglichkeit: *Man subtrahiert schrittweise.*

```
   8 5 3           7 0 7
 - 1 4 6         -   9 3
   ¹               ¹
   7 0 7           6 1 4
```

2. Möglichkeit: *Man bildet zuerst die Summe der Subtrahenden. Dann subtrahiert man diese vom Minuenden.*

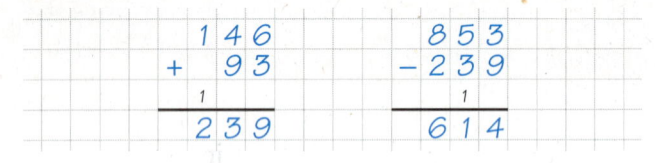

```
   1 4 6           8 5 3
 +   9 3         - 2 3 9
     ¹             ¹
   2 3 9           6 1 4
```

Wähle die Lösungsmöglichkeit, die dir am leichtesten fällt. Berechne dann schriftlich.

a) 987 – 215 – 461   Ü: _____

b) 87 612 – 24 301 – 8 034   Ü: _____

10
a) Berechne die Differenz zwischen 8 927 kg und 11 076 kg.

Ü: _____

b) Bilde die Summe der Beträge 2 398 €; 4 501 € und 5 739 €.

Ü: _____

c) Ein 7 500-ℓ-Öltank wird mit 4 867 ℓ vollständig befüllt. Wie viel Öl war bereits im Tank?

Ü: _____

d) Wie viel fehlt von der Summe aus 2 535 m und 4 875 m bis zu einer Länge von 10 000 m?

Ü: _____

zusätzliche Aufgaben

11 Regensburg und Passau liegen an der Donau. Regensburg ist 2 382 km und Passau 2 226 km von der Donaumündung entfernt. Wie weit liegen die beiden Städte auseinander?

12 Ein Pkw wird zu einem Grundpreis von 21 899 € angeboten. Familie Karcher kauft dieses Auto mit Sonderausstattungen im Wert von 3 467 €. Der Altwagen wird für 8 600 € in Zahlung genommen. Welcher Betrag muss noch aufbezahlt werden?

13 Der Flughafen Frankfurt/Main hatte in einem Jahr 392 121 Flugzeugbewegungen (Starts und Landungen). Das sind 124 307 Flugzeugbewegungen mehr als in München. Wie viele Starts und Landungen hatte der Flughafen München in diesem Jahr?

14 Ein Einkaufszentrum hatte im Laufe einer Woche folgende Tageseinnahmen: 27 038 €; 34 768 €; 26 498 €; 41 238 €; 44 061 €; und 48 619 €. Berechne die Gesamteinnahmen in dieser Woche.

Zahlen und Rechnen mit natürlichen Zahlen

6 Kopfrechnen: Multiplikation und Division

Hohe Gebäude begeisterten die Menschen schon in früher Zeit. Das wissen wir auch aus biblischen Erzählungen über den Turmbau zu Babel. Dieses Gebäude sollte einst bis zum Himmel aufragen, erreichte aber nur etwa eine Höhe von 90 m.

Die derzeit höchsten Gebäude sind die 452 m hohen Petronas Towers in Kuala Lumpur (Malaysia). Solche Gebäudehöhen und die damit verbundenen baulichen Leistungen können wir uns kaum vorstellen. Die folgenden Berechnungen sollen helfen, eine bessere Vorstellung von den Leistungen der Erbauer zu erhalten.

1. Wegen der aufgesetzten Gebäudespitzen gehen wir von einer reinen Gebäudehöhe von 400 m aus. Wie viele Stufen sind notwendig, um das Stockwerk in 400 m Höhe zu erreichen, wenn man mit 5 Stufen einen Höhenunterschied von 1 m überwinden kann?

Rechne im Kopf. Mit _____ Stufen kann man die Höhe von 400 m erreichen.

2. Nimm an, man könnte es durchhalten, in einer Minute 50 Stufen zu überwinden. Berechne, wie lange es dauern würde, ein Stockwerk in 400 m Höhe zu erreichen.

$$2\,000 \text{ Stufen} : 50 \text{ Stufen} = \boxed{}$$

Man hätte die Höhe von 400 m nach _____ Minuten erreicht.

Bei den obigen Berechnungen hast du die Rechenoperationen „Multiplikation" und „Division" angewandt.

Die Multiplikation und die Division sind Grundrechenarten. Man nennt sie auch „Punktrechnungen", weil die Rechenzeichen · und : aus Punkten bestehen.

Multiplikation

Faktor mal Faktor

Bei der Multiplikation darf man die Reihenfolge der Faktoren vertauschen.

$$\underbrace{5 \cdot 12}_{\text{Produkt}} = 60$$

Division

1. Zahl durch 2. Zahl
(Dividend)   (Divisor)

$$\underbrace{60 : 5}_{\text{Quotient}} = 12$$

Zahlen und Rechnen mit natürlichen Zahlen

1 Schreibe zuerst als Produkt und berechne dann.

3 + 3 + 3 + 3 = 4 · 3 = 12

a) 4 + 4 + 4 + 4 + 4 = _____ = ____
b) 6 + 6 + 6 = _____ = ____
c) 7 + 7 + 7 + 7 + 7 + 7 = _____ = ____
d) 0 + 0 + 0 + 0 + 0 + 0 + 0 = _____ = ____
e) 11 + 11 + 11 + 11 + 11 = _____ = ____
f) 12 + 12 + 12 + 12 + 12 + 12 = _____ = ____
g) 13 + 13 + 13 + 13 + 13 = _____ = ____
h) 15 + 15 + 15 + 15 + 15 = _____ = ____
i) 18 + 18 + 18 = _____ = ____

2 Rechne im Kopf.

a) 3 · 4 = _____   b) 5 · 4 = _____
c) 7 · 4 = _____   d) 3 · 8 = _____
e) 0 · 9 = _____   f) 6 · 11 = _____
g) 8 · 9 = _____   h) 8 · 0 = _____
i) 6 · 12 = _____ j) 12 · 12 = _____
k) 9 · 15 = _____ l) 5 · 14 = _____
m) 13 · 4 = _____ n) 7 · 13 = _____
o) 9 · 20 = _____ p) 15 · 15 = _____
q) 16 · 4 = _____ r) 7 · 19 = _____

3 Dividiere im Kopf.

a) 24 : 4 = _____   b) 35 : 7 = _____
c) 30 : 6 = _____   d) 49 : 7 = _____
e) 56 : 8 = _____   f) 54 : 9 = _____
g) 63 : 7 = _____   h) 64 : 8 = _____
i) 72 : 9 = _____   j) 99 : 9 = _____

4 Das Zahlenquadrat in der Mitte ist so aufgebaut, dass die Summe der Zahlen in jeder Zeile, jeder Spalte und jeder Diagonalen gleich groß ist.
a) Berechne die Summe für das vorgegebene Quadrat und trage sie in der Spitze ein.
b) Führe die angegebenen Multiplikationen und Divisionen durch, so dass du vier neue Zahlenquadrate erhältst. Berechne auch hier die Summen und trage sie in den jeweiligen Spitzen ein.

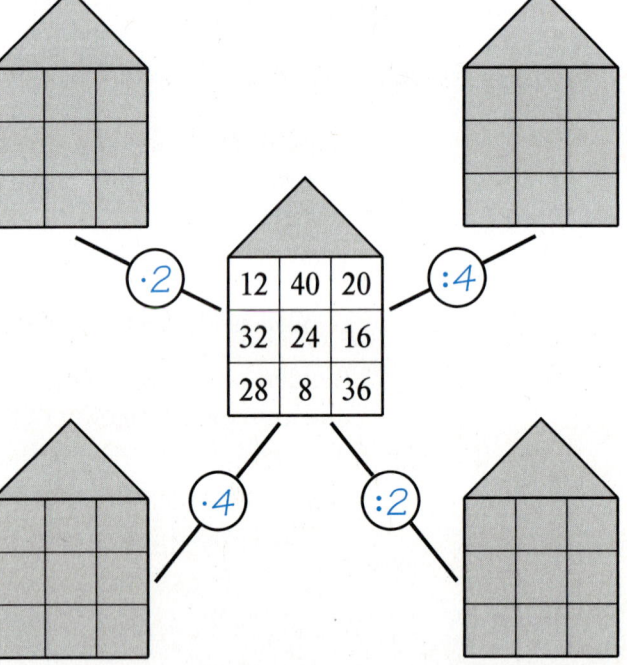

zusätzliche Aufgaben

5 Berechne die Produkte im Kopf.
a) 3 · 4 · 5   b) 4 · 5 · 6   c) 6 · 2 · 3
d) 5 · 4 · 5   e) 2 · 5 · 13   f) 7 · 4 · 2
g) 8 · 7 · 1   h) 12 · 0 · 16   i) 6 · 4 · 2

6
a) 23 · 10   b) 320 : 10   c) 45 · 100
d) 8 400 : 100   e) 6 700 · 1 000   f) 765 000 : 1 000
g) 3 710 · 1 000   h) 10 000 : 1 000   i) 1 Mio. : 1 000
j) 1 Mrd. : 1 000   k) 1 Billion : 1 000

7
a) 48 kg : 8   b) 5 t · 7   c) 49 m : 7
d) 8 € · 9   e) 150 km : 15   f) 12 cm · 12
g) 72 € : 6   h) 13 € · 13   i) 640 km : 8

8 Schreibe erst als Rechenausdruck. Rechne dann im Kopf.
a) Bilde das Produkt der Zahlen 7 und 9.
b) Berechne den Quotienten aus 120 und 12.
c) Verdopple das Produkt aus 5 und 8.
d) Multipliziere den Quotienten aus 150 und 10 mit 10.

9 Berechne geschickt.

a) 10 · 20 = ____   b) 160 : 4 = ____
   30 · 20 = ____   1 600 : 4 = ____
   30 · 200 = ____   16 000 : 4 = ____
   30 · 2 000 = ____ 16 000 : 40 = ____

10 Berechne im Kopf.

a) 10 · 20 = ____   b) 30 · 30 = ____
c) 360 : 60 = ____ d) 810 : 9 = ____
e) 16 000 : 40 = ____ f) 25 000 : 50 = ____
g) 400 · 20 · 3 = ____ h) 30 · 60 · 20 = ____

11 Runde die Zahlen der folgenden Aufgaben so, dass du leicht eine Überschlagsrechnung durchführen kannst. Berechne dann nur das Ergebnis der Überschlagsrechnung.

Aufgabe	Überschlagsrechnung	Überschlagsergebnis
a) 296 · 2	300 · 2	600
b) 479 · 3		
c) 896 : 312		
d) 14 570 · 6		
e) 1 876 : 266		

12 Andrea ist Auszubildende. Von ihrem Lohn spart sie monatlich 60 €. Welchen Betrag hat sie am Ende eines Jahres angespart?

Andrea hat in einem Jahr _____ € angespart.

13 Für einen CD-Player hat sich Antonia von ihren Eltern 150 € geliehen. Sie möchte den Betrag in fünf gleichen Monatsraten zurückbezahlen. Wie viel Euro muss sie pro Monat abzahlen?

_____

14 Auf einer Transportpalette stehen Sprudelkisten mit je 12 Sprudelflaschen. Wie viele Flaschen sind auf der Palette?

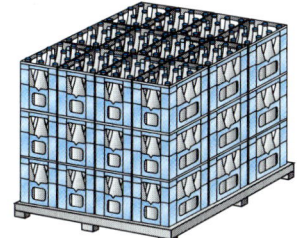

Auf der Palette sind _____ Flaschen.

15 Ein Buch hat 100 Seiten. Auf jeder Seite sind durchschnittlich 50 Zeilen mit je 80 Buchstaben. Berechne die Anzahl der Buchstaben in diesem Buch.
Das Buch enthält _____ Buchstaben.

16 Für einen Zang erhält man 8 Zeng. Einen Zeng kann man gegen 5 Zing eintauschen. Wie viele Zing erhält man für 40 Zang?

_____

zusätzliche Aufgaben

17 Ersetze jeweils durch einen Fachausdruck.
a) zusammenzählen   b) abziehen
c) malnehmen   d) teilen
e) Malaufgabe   f) Geteiltaufgabe

18 Die 56 Schüler der beiden 5. Klassen sollen in 4er-Gruppen aufgeteilt werden.
a) Wie viele Gruppen können gebildet werden?
b) Wäre auch eine Gruppenbildung möglich, so dass in jeder Gruppe fünf Schüler sind?

19 Ein Busfahrer sammelt von jedem der 40 Fahrgäste am Ende einer Ausflugsfahrt Fahrtkosten in Höhe von 25 € ein. Er erhält einen Gesamtbetrag von 1 048 €. Wie viel Trinkgeld hat der Busfahrer bekommen?

20 Es gibt Modellautos im Maßstab 1 : 18.
Das bedeutet, alle Maße des Modellautos haben nur den 18. Teil der Originallängen.
a) Ein Modellauto ist 25 cm lang. Wie lang ist das entsprechende Originalauto?
b) Das Originalauto hat eine Breite von 1,80 m. Wie breit ist das Modellauto?

21 Auf einem Plan soll ein Haus im Maßstab 1 : 100 gezeichnet werden. Jede Länge im Plan beträgt daher den hundertsten Teil der tatsächlichen Länge.
a) Auf dem Plan hat das Haus eine Breite von 10 cm. Welche Breite hat das Haus in Wirklichkeit?
b) Das Haus soll eine Länge von 12 m haben. Wie viele cm beträgt die Länge im Plan?

7 Schriftliche Multiplikation und Division

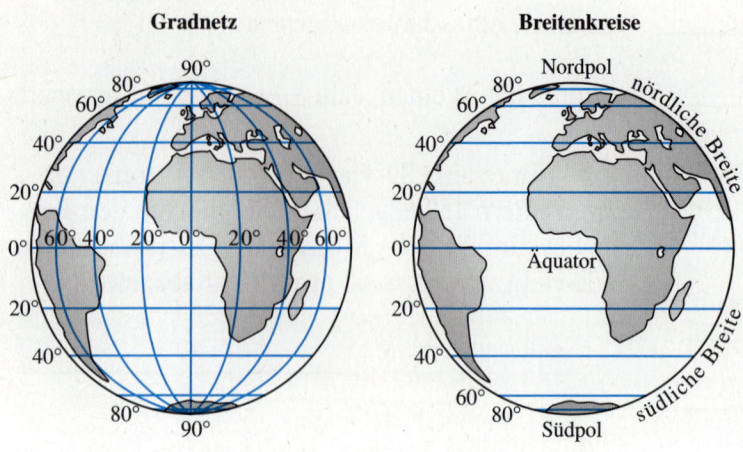

Gradnetz   Breitenkreise

Zur besseren Orientierung kann man die Erde mit einem gedachten Netz von Linien überziehen. Dieses Netz bezeichnet man als „Gradnetz der Erde". Die Linien von Pol zu Pol heißen „Längenkreise".
Die „Breitenkreise" verlaufen von Westen nach Osten und haben fast überall den gleichen Abstand. **Zwischen zwei benachbarten Breitenkreisen beträgt der Abstand ungefähr 110 km.** Mit Hilfe der Breitenkreise kann man leicht Nord-Süd-Entfernungen berechnen.

1. Der europäische Kontinent wird von 35 Breitenkreisen überdeckt. Berechne die Nord-Süd-Ausdehnung Europas.

2. Der afrikanische Kontinent hat eine Nord-Süd-Ausdehnung von etwa 7 700 km. Von wie vielen Breitenkreisen ist Afrika überdeckt?

Bei den schriftlichen Rechenverfahren ist es besonders wichtig, eine Überschlagsrechnung mit gerundeten Zahlen im Kopf durchzuführen. Dadurch kann man die Richtigkeit der errechneten Ergebnisse kontrollieren.

Schriftliche Multiplikation

Aufgabe: 182 · 34
Überschlag: 200 · 30 = 6 000
Rechnung:

Schriftliche Division

Aufgabe: 534 : 6
Überschlag: 540 : 6 = 90
Rechnung:

22 Zahlen und Rechnen mit natürlichen Zahlen

1 Berechne die Produkte. Führe zuerst eine Überschlagsrechnung durch.

a) 133 · 3   b) 1 343 · 2

Ü: _____   Ü: _____

```
1 3 3 · 3        1 3 4 3 · 2
        9                  6
```

c) 3 439 · 2   d) 1 231 · 5

Ü: _____   Ü: _____

e) 2 318 · 3   f) 1 031 · 6

Ü: _____   Ü: _____

g) 8 342 · 20   h) 2 611 · 40

Ü: _____   Ü: _____

i) 1 231 · 32   j) 2 416 · 15

Ü: _____   Ü: _____

2 Berechne die Quotienten. Vergiss die Überschlagsrechnung nicht.

a) 3 828 : 6   Ü: _____

b) 3 828 : 12   Ü: _____

c) 191 552 : 16   Ü: _____

zusätzliche Aufgaben

3 Überprüfe mit Hilfe einer Überschlagsrechnung, ob die Ergebnisse stimmen können.

a) 225 · 4 $\stackrel{?}{=}$ 900   b) 1 415 · 6 $\stackrel{?}{=}$ 10 830   c) 2 460 : 4 $\stackrel{?}{=}$ 61
d) 4 884 : 7 $\stackrel{?}{=}$ 72   e) 23 918 · 4 $\stackrel{?}{=}$ 95 672   f) 87 813 : 11 $\stackrel{?}{=}$ 7 983

4 Berechne. Vergiss die Überschlagsrechnung nicht.

a) 2 884 : 7   b) 6 543 · 12   c) 1 795 : 28
d) 3 806 · 102   e) 78 101 : 39   f) 2 004 · 201

5 Berechne
a) die Hälfte von 345 678 €   b) das Fünffache von 817 kg
c) ein Viertel von 82 724 m   d) den achten Teil von 1 Mio.
e) das Hundertzehnfache von 78 kg   f) ein Siebzehntel von 527 m.

6 Berechne. Als Ergebnisse erhältst du auffallende Zahlen.
a) Dividiere 808; 8 080; 808 080 jeweils durch 8.
b) Multipliziere 10 010 jeweils mit 11; 25; 36; 72; 98.
c) Multipliziere 15 873 jeweils mit 7; 14; 28; 35.

Zahlen und Rechnen mit natürlichen Zahlen

7
a) Bilde das Produkt der Zahlen 1 301 und 26.

b) Bilde den Quotienten aus 1 188 und 66.

c) Mit welcher Zahl muss man 23 multiplizieren um 4 301 zu erhalten?

d) Wie verändert sich der Wert des Quotienten aus 248 und 8, wenn man die erste Zahl und die zweite Zahl halbiert?

8 Philipp feiert seinen 12. Geburtstag. Sein Großvater hat ihm zum 1. Geburtstag ein Sparbuch angelegt und an jedem Geburtstag 75 € einbezahlt.

a) Welchen Betrag hat der Großvater bisher einbezahlt?

b) Auf dem Sparbuch ist aber mehr Geld als der Großvater einbezahlt hat. Welchen Grund hat das?

9 Frau Winterholler ist an fünf Tagen pro Woche an ihrem Arbeitsplatz tätig, der 17 km von zu Hause entfernt liegt. Sie arbeitet 46 Wochen im Jahr. Frau Winterholler behauptet, dass sie in fünf Jahren fast die Strecke zurückgelegt hat, die dem Erdumfang von 40 000 km entspricht. Hat sie Recht?

zusätzliche Aufgaben

10 Ein Aufzug in einem Hochhaus ist für ein Zuladegewicht von 16 Personen oder für 1 200 kg zugelassen. Von welchem durchschnittlichen Gewicht pro Person geht der Aufzughersteller aus?

11 Eine Hofzufahrt soll neu gepflastert werden. Sie hat einen Flächeninhalt von 54 Quadratmetern. Ein Bauunternehmen bietet einen Quadratmeter Pflaster einschließlich Verlegen für 83 € an. Mit welchen Kosten muss gerechnet werden?

12 Ein Boden wird neu gefliest. Der Handwerker rechnet aus, dass er 32 Reihen zu je 17 Fliesen legen muss.
Wie viele Fliesen werden für den Bodenbelag benötigt?

13 Zum Bau eines Holzzaunes werden entlang einer geraden Grundstücksseite 8 Pfosten angebracht. Ein Pfosten besitzt eine Breite von 15 cm. Die dazwischenliegenden Zaunfelder sind jeweils 230 cm lang. Berechne die Länge der Grundstücksseite.

8 Verbindung der Grundrechenarten

Überall dort, wo viele Personen zusammenleben und miteinander auskommen müssen, entwickeln sich Regeln. Diese Regeln werden in Form von Gesetzen, Vorschriften, Hausordnungen, Schulordnungen oder auch als Spielregeln notiert.
Auch in der Mathematik war es notwendig, eine Vielzahl von Regeln festzulegen. Ein Beispiel hierfür sind die **Regeln beim Rechnen mit den Grundrechenarten**.

Betrachte die folgenden Aufgaben und den jeweiligen Lösungsweg genau. Versuche dann, die dort angewendeten Regeln herauszufinden.

$16 + 4 \cdot 3$ Beim Lösen wurde folgende Regel angewendet:

$= 16 + 12$ Zuerst wird die _____ ,

$= 28$ dann erst wird die _____ durchgeführt.

$3 \cdot (24 + 6)$ Beim Lösen wurde folgende Regel angewendet:

$= 3 \cdot 30$ Zuerst wird der Rechenausdruck _____

$= 90$ _____

ausgerechnet.

Bei zusammengesetzten Rechenausdrücken muss besonders sorgfältig auf die Reihenfolge der einzelnen Rechenschritte geachtet werden.
Es gelten folgende Regeln:

1. Punktrechnung ($\cdot$ und $:$) wird vor Strichrechnung ($+$ und $-$) durchgeführt.
2. Was in Klammern steht, wird immer zuerst ausgerechnet.

1 Berechne im Kopf. Überprüfe mit Hilfe der Kärtchen.

a) $4 + 2 \cdot 3$ = _____

b) $7 + 3 \cdot 11$ = _____

c) $20 - 2 \cdot 5$ = _____

d) $6 \cdot 4 - 12$ = _____

e) $3 \cdot 8 - 12$ = _____

f) $2 - 12 : 6$ = _____

g) $12 \cdot 4 - 4 \cdot 12$ = _____

2

a) $2 \cdot 4 + 5$ = _____

$2 + 4 \cdot 5$ = _____

$2 \cdot 5 + 4$ = _____

b) $7 + 3 \cdot 11$ = _____

$7 \cdot 3 + 11$ = _____

$7 \cdot 11 + 3$ = _____

3 Berechne im Kopf.

a) $5 \cdot (6 + 4)$ = _____

$5 \cdot 6 + 4$ = _____

b) $25 : 5 \cdot 26 - 16$ = _____

$(25 : 5) \cdot (26 - 16)$ = _____

c) $(63 - 36) : 9 + 11$ = _____

$63 - 36 : 9 + 11$ = _____

4 Gleiche Zahlen, gleiche Rechenarten, aber unterschiedliche Ergebnisse: Die Klammern machen's aus.

a) $(12 + 4 \cdot 2) - 16 : 8$ = _____

b) $(12 + 4) \cdot 2 - 16 : 8$ = _____

c) $12 + (4 \cdot 2 - 16 : 8)$ = _____

d) $12 + 4 \cdot (2 - 16 : 8)$ = _____

5 Schreibe zuerst den Rechenausdruck auf. Berechne dann im Kopf.

a) Addiere zum Produkt der Zahlen 12 und 3 den Quotienten der Zahlen 8 und 2.

_____ = _____

b) Multipliziere die Summe aus 28 und 22 mit 4.

_____ = _____

c) Subtrahiere vom Produkt aus 35 und 2 den Quotienten aus 36 und 6.

_____ = _____

d) Multipliziere den Quotienten aus 15 und 3 mit der Differenz dieser Zahlen.

_____ = _____

6 Auf einer Klassenfahrt gehen die Schülerinnen und Schüler in einen Schnellimbiss und verzehren: 10 Hamburger zu je 2,50 €, 8 Cheeseburger zu je 2 € und 7 Gemüseschnitten zu je 3 €. Außerdem werden 20 Getränke zu je 1,50 € bestellt. Berechne den Gesamtwert der Bestellung.

zusätzliche Aufgaben

7 Berechne schriftlich.
a) $124 + 6 \cdot 12$ b) $148 - 3 \cdot 18$
c) $126 + 81 : 3$ d) $419 \cdot 2 + 162$
e) $125 \cdot 9 - 375 : 25$ f) $1897 \cdot 4 + 156 : 12$
g) $1477 - 3 \cdot 217 + 8 \cdot 19 + 21$ h) $(73 + 24) \cdot 17$
i) $18 \cdot (4200 + 699)$ j) $336 : 12 + (4812 - 4740)$
k) $(6913 + 5612) : (675 : 27)$ l) $77806 - 8816 : 16 - (272 - 17)$

8 In einem Großkino sind Sitzreihen mit je 60 Plätzen. Es gelten folgende Eintrittspreise:

Reihe 1 bis 10	4,00 €
Reihe 11 bis 20	5,00 €
Reihe 21 bis 30	6,00 €
Reihe 31 bis 40	7,00 €

Welche Einnahmen hat der Kinobetreiber bei „vollem" Haus?

Zahlen und Rechnen mit natürlichen Zahlen

9 Vernetzte Aufgaben

Landesdaten – Deutschland

Fläche: 357 021 km²
Einwohnerzahl: 81 912 000
Geografische Merkmale:
höchster Berg: Zugspitze 2 963 m
größter See: Bodensee 572 km²
Größte Städte (ungefähre Einwohnerzahlen):
Berlin 3 460 000; Hamburg 1 710 000;
München 1 230 000; Köln 960 000;
Frankfurt am Main 650 000; Essen 610 000;
Dortmund 600 000; Stuttgart 590 000

Landesdaten – Italien

Fläche: 301 323 km²
Einwohnerzahl: 57 380 000
Geografische Merkmale:
höchster Berg: Monte Bianco 4 807 m
größter See: Gardasee 370 km²
Größte Städte (ungefähre Einwohnerzahlen):
Rom 2 650 000; Mailand 1 310 000;
Neapel 1 050 000; Turin 920 000;
Palermo 690 000; Genua 660 000;
Bologna 370 000; Florenz 410 000

1
a) Welches Land hat die größere Fläche?

b) Berechne die Differenz der Flächen.

2 Berechne die Differenz der Einwohnerzahlen beider Länder.

3 Runde die Höhe des höchsten Berges von Italien und von Deutschland auf Hunderter.

Deutschland: _____ Italien: _____

4 Überprüfe folgende Aussage: „Der Bodensee ist etwa um die Hälfte größer als der Gardasee."

5 Städte mit mehr als einer Million Einwohnern nennt man Millionenstädte.
Notiere die Millionenstädte Deutschlands und Italiens.

Deutschland: _____

Italien: _____

6 In Deutschland ist etwa der dritte Teil der Bevölkerung katholisch. Wie viele Katholiken leben in Deutschland?

7 Etwa der fünfte Teil der italienischen Bevölkerung gehört nicht dem katholischen Glauben an. Wie viele katholische Einwohner hat Italien?

Zahlen und Rechnen mit natürlichen Zahlen

TEST ⭕ ❌ ⭕

Für jede richtig gelöste Aufgabe erhältst du 4 Punkte.

1 Rechne im Kopf.

a) 768 + 25 = ☐   b) 456 + 144 = ☐

   265 − 43 = ☐   785 − 225 = ☐

c) 11 · 20 = ☐   d) 15 · 60 = ☐

   84 : 6 = ☐   108 : 12 = ☐

2 Rechne schriftlich. Führe zuerst eine Überschlagsrechnung durch.

a) 40 281 + 20 368   b) 247 · 13

   Ü: _____   Ü: _____

c) 1 359 − 876 − 189   Ü: _____

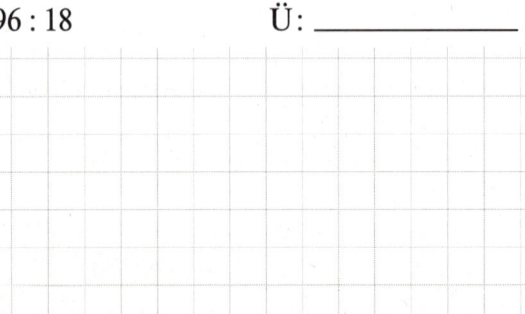

d) 5 796 : 18   Ü: _____

3 Schreibe in Millionen und Tausendern.

50 000 000 = _____ *Mio.* = _____ T

10 Mrd. = _____ *Mio.* = _____ T

$\frac{1}{2}$ Mrd. = _____ *Mio.* = _____ T

$\frac{1}{4}$ Billion = _____ *Mio.* = _____ T

4 Berechne.

a) 455 − 15 · 6

b) 3 · (675 − 235) + 320 : 16

5 In einem Erlebnisbad wurden an einem Wochenende alle Besucher gezählt. Nach Altersstufen geordnet, ergaben sich folgende Zahlen: Kinder: 265; Jugendliche: 404; Erwachsene: 551; Senioren: 179.

a) Runde die Besucherzahlen auf Zehner.

Kinder: _____   Jugendliche: _____

Erwachsene: _____   Senioren: _____

b) Erstelle ein Blockschaubild. Wähle für 100 Besucher eine Achseneinteilung von 1 cm.

Ermittle nun anhand der Lösungen auf Seite 77 deine erzielte Punktzahl.

Geometrie: Grundbegriffe
Gerade, Halbgerade, Strecke

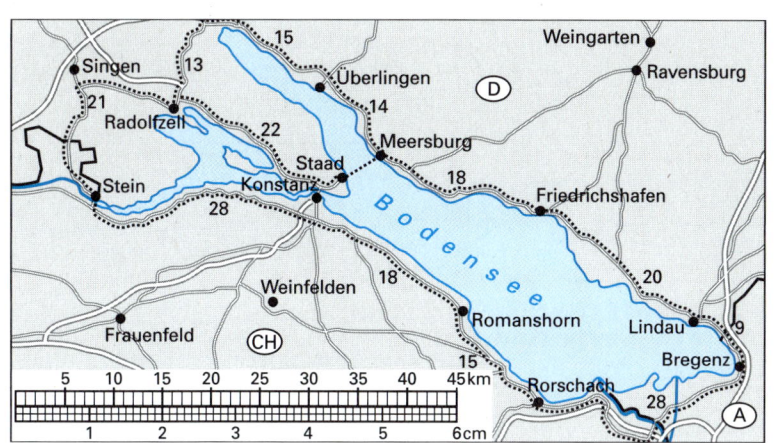

Beim Bau von Straßen muss auf die natürlichen Gegebenheiten des Geländes Rücksicht genommen werden. Daher sind Landstraßen oft nur auf kurzen Stücken geradlinig. Bei Flug- oder Fährverbindungen hingegen kann oft die kürzeste Verbindung gewählt werden. Für die Fahrt von Meersburg nach Konstanz-Staad muss man auf der Straße über 65 km zurücklegen, während die Strecke bei Benutzung der Fähre nur knapp 5 km beträgt.

Auch zwischen Friedrichshafen und Romanshorn gibt es eine Fährverbindung.
1. Zeichne die Fährstrecke mit dem Geodreieck in die Karte ein!
2. Miss diese Strecke in der Karte.
   Die Länge der gezeichneten Strecke beträgt ☐ cm.
3. Mit Hilfe der unter der Abbildung angebrachten Kilometerleiste kannst du ablesen, wie lang die kürzeste Verbindung von Friedrichshafen nach Romanshorn in der Natur ist.
   Die Fähre legt etwa ☐ km zurück.
4. Berechne mit den Kilometerangaben in der Karte wie lang die Straßenverbindung von Friedrichshafen über Bregenz nach Romanshorn ist.

   _____ km + _____ km + _____ km + _____ km = _____ km

5. Kreuze die richtige Antwort an. Die Straßenvebindung von Friedrichshafen nach Romanshorn ist etwa ☐ 3-mal ☐ 4-mal ☐ 5-mal ☐ 6-mal so lang wie die Fährstrecke.
6. Mit dem Begriff „Luftlinie" bezeichnet man die kürzeste Verbindung zwischen zwei Orten. Bestimme die Länge der Luftlinie zwischen Weingarten und Überlingen.
   Die Länge beträgt auf der Karte ☐ cm, dies entspricht ☐ km in der Natur.
7. Zeichne die Linie eines Flugzeuges ein, das von Weingarten aus in Richtung Überlingen fliegt und seine Richtung über Überlingen hinaus beibehält. Welche Stadt liegt noch auf dieser Linie?

Gerade Linien bezeichnet man mit Kleinbuchstaben (a, s, g, ...). Strecken können auch mit Hilfe der Begrenzungspunkte angegeben werden ($\overline{AB}, \overline{PQ}, \ldots$).

Die kürzeste Verbindung zweier Punkte ist eine gerade Linie.
Man unterscheidet folgende Arten von geraden Linien:

Strecke: durch zwei Punkten begrenzt

Halbgerade (Strahl): besitzt einen Anfangspunkt

Gerade: ohne Anfangs- und Endpunkt

1
a) Zeichne die Strecke $\overline{EF}$.
b) Zeichne die Strecke $\overline{GH}$.

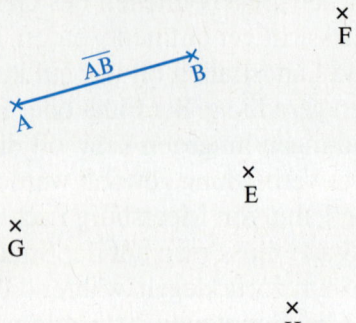

2
a) Zeichne eine Halbgerade von P durch Q.
b) Zeichne eine Halbgerade von R durch S.

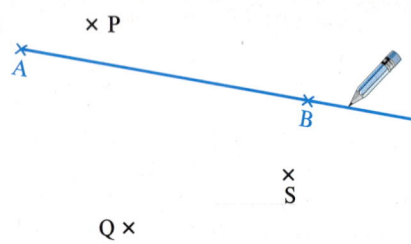

3 Zeichne jeweils eine Gerade
a) durch die Punkte A und B.
b) durch die Punkte C und D.

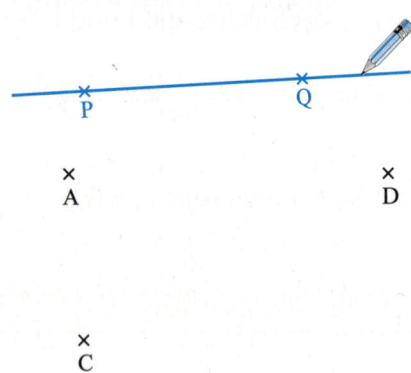

4 Betrachte die gezeichneten Linien genau.

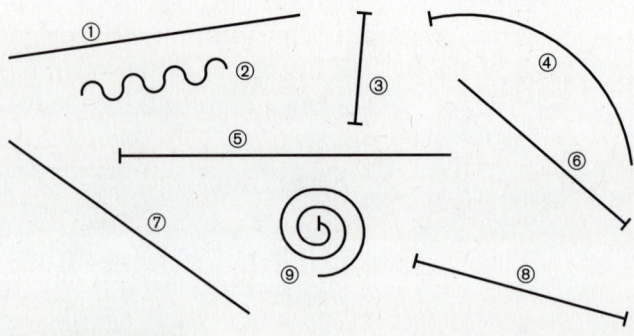

Ordne richtig zu.

Strecken: ___3;___   Halbgeraden: _____

Geraden: _____   Gerade Linien: _____

5
a) Zeichne eine Gerade durch die Punkte A und B.
b) Zeichne eine Gerade durch die Punkte C und D.
c) Zeichne von B aus durch D einen Strahl.
d) Zeichne die Strecken $\overline{AD}$ und $\overline{BC}$.
e) Zeichne die Halbgerade von A durch C.

× A   × B

× C   × D

6 Gib die Längen der Strecken an.

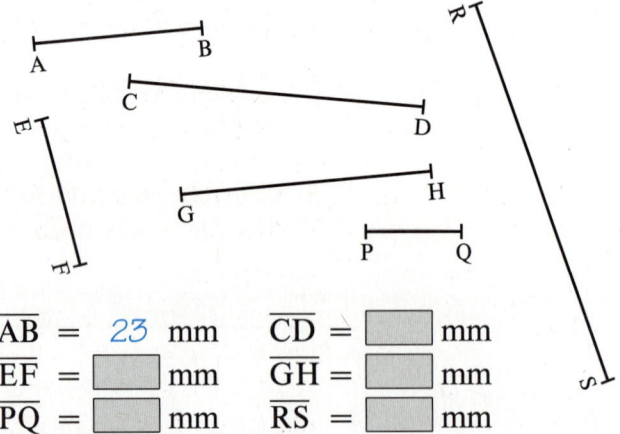

$\overline{AB}$ = 23 mm $\overline{CD}$ = ___ mm
$\overline{EF}$ = ___ mm $\overline{GH}$ = ___ mm
$\overline{PQ}$ = ___ mm $\overline{RS}$ = ___ mm

zusätzliche Aufgaben

7 Zeichne die folgenden Strecken. Benenne die Begrenzungspunkte.
a) $\overline{AB}$ = 35 mm   b) $\overline{CD}$ = 7 cm 2 mm
c) $\overline{EF}$ = 53 mm   d) $\overline{GH}$ = 2 cm 7 mm
e) $\overline{PQ}$ = 43 mm   f) $\overline{RS}$ = 3 cm

8 Zeichne das Muster auf Karopapier.
Zeichne alle Geraden, die durch den Punkt P und einen der anderen Punkte gehen.

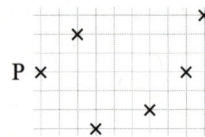

30   Geometrie: Grundbegriffe

2 Senkrechte und Parallelen

Im Schwimmunterricht befinden sich 8 Schüler in den eingezeichneten Positionen am Beckenrand. Sie sollen nach dem Startsignal möglichst schnell zu dem im Wasser liegenden Ring schwimmen.

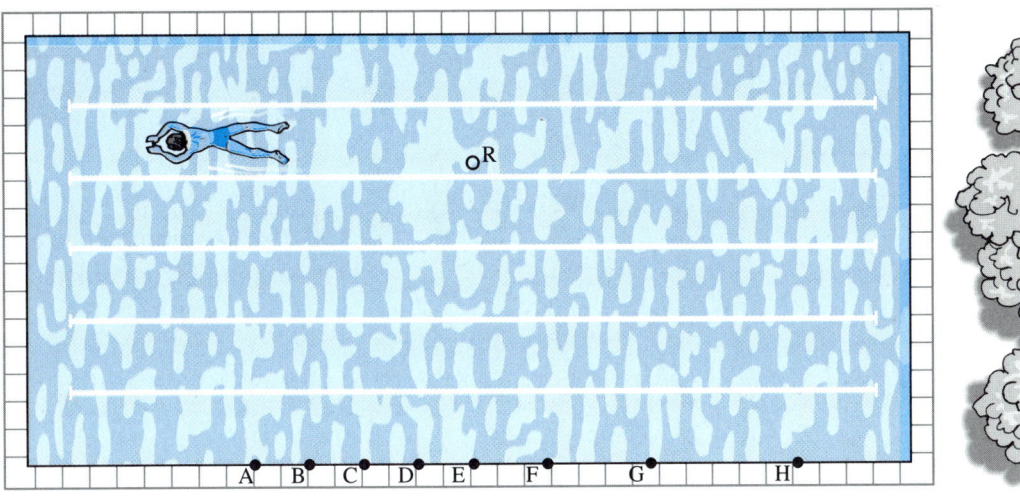

1. Der Schüler ☐ hat die beste Startposition, weil _____

   Der Schüler ☐ hat die schlechteste Startposition, da er _____

2. Zeichne die Schwimmstrecken der Schüler A, E und H in die Skizze ein und miss die Längen der gezeichneten Linien.

   $\overline{AR}=$ ☐ cm $\overline{ER}=$ ☐ cm $\overline{HR}=$ ☐ cm

3. Angenommen, der Start würde auf den rechten Beckenrand verlegt werden, welche Position wäre dann die günstigste? Zeichne mit Hilfe des Geodreiecks diese Startposition und die dazugehörige Schwimmstrecke in die Skizze ein!

4. Um einzelne Bahnen zu markieren, sind auf dem Boden des Beckens Strecken eingezeichnet. Vergleiche die Lage dieser Strecken zueinander.

Abstand:
Die kürzeste Entfernung von einem Punkt P zu einer Geraden g.

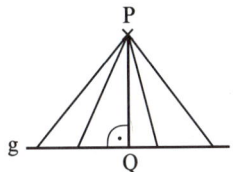

Die Geraden g und h bilden einen rechten Winkel ⌐, g und h sind senkrecht zueinander.
Man schreibt: g ⊥ h
Man spricht: g ist senkrecht zu h

Besitzen zwei Geraden überall den gleichen Abstand, so verlaufen sie parallel.
Man schreibt: a ∥ b
Man spricht: a ist parallel zu b

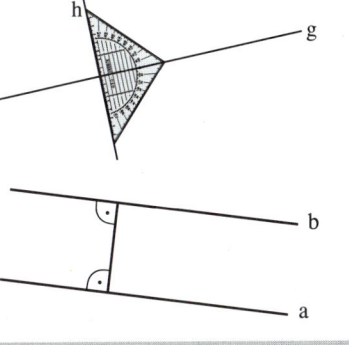

Geometrie: Grundbegriffe

1 Überprüfe mit dem Geodreieck.

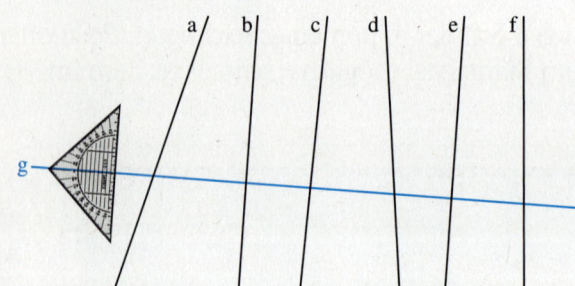

Die Geraden _____ sind senkrecht zu g.

2

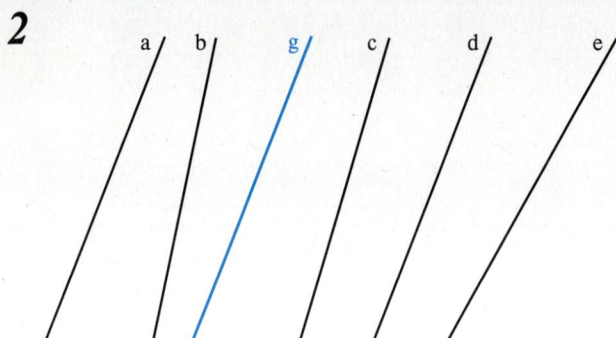

Die Geraden _____ sind parallel zu g.

3

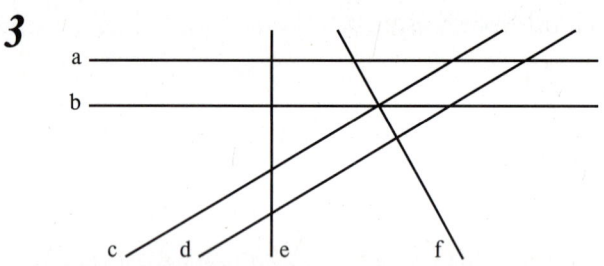

Ergänze richtig.

a) a ist _____parallel_____ zu b;   a ∥ b

b) a ist _____senkrecht_____ zu e;   a ⊥ e

c) c ist _____ zu d;   c   d

d) b ist _____ zu e;   b   e

e) f ist _____ zu c;   f   c

f) d ist _____ zu f;   d   f

4 Zeichne durch die gegebenen Punkte mit dem Geodreieck jeweils eine zu g senkrechte Gerade.

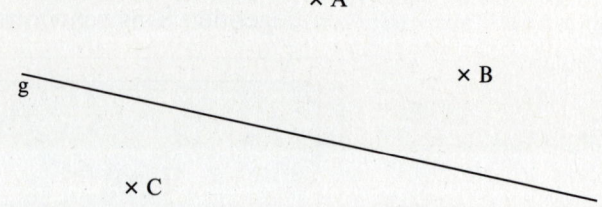

5 Zeichne drei parallele Geraden zu g. Der Abstand ist dabei frei wählbar.

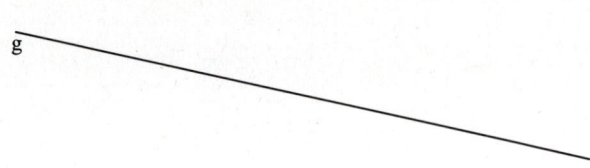

6 Zeichne durch die gegebenen Punkte jeweils eine parallele Gerade zu g.

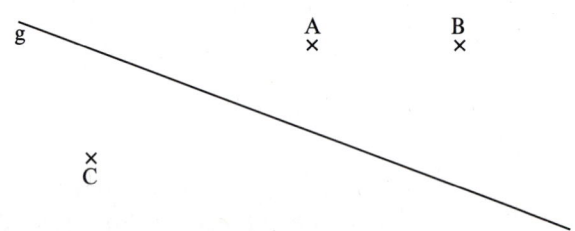

7 Zeichne durch den Punkt A eine Gerade, die
a) zur Geraden h parallel ist
b) zur Geraden g parallel ist.

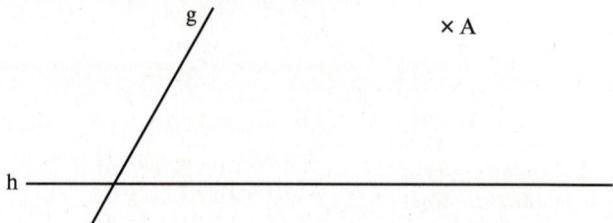

zusätzliche Aufgaben

8
Zeichne ein kleines Dreieck in die Mitte eines großen Blattes. Zeichne mit einer anderen Farbe eine Parallele zu jeder Dreiecksseite durch die gegenüberliegende Ecke.

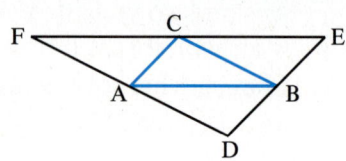

32   Geometrie: Grundbegriffe

9 Bestimme jeweils den Abstand zwischen den Punkten A, B, C, D, E, F und der Geraden g.

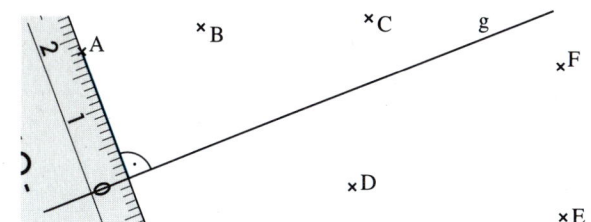

Abstand von

A zu g: __18__ mm   B zu g: ____ mm

C zu g: ____ mm   D zu g: ____ mm

E zu g: ____ mm   F zu g: ____ mm

10 Miss den Abstand zwischen den Geraden.

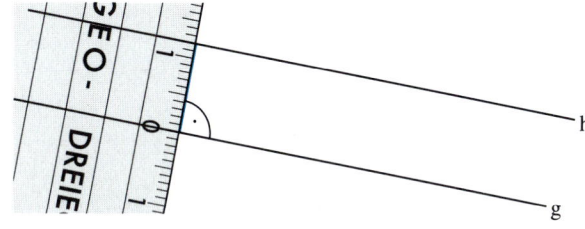

Der Abstand zwischen g und h beträgt __12__ mm.

a)

Der Abstand zwischen g und h beträgt ____ mm.

b)
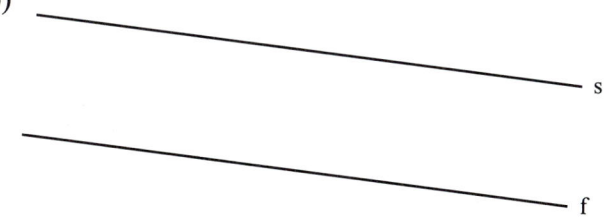

Der Abstand zwischen f und s beträgt ____ mm.

11 Zeichne jeweils einen Punkt oberhalb der Geraden g mit dem vorgegebenen Abstand.
A zu g: 15 mm
a) B zu g: 2 cm   b) C zu g: 1 cm   c) D zu g: 23 mm

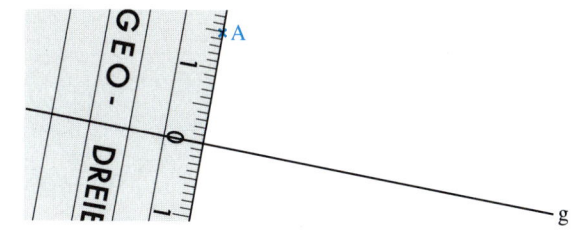

12 Gezeichnet ist eine Parallele p zu g im Abstand von 15 mm. Zeichne ebenso eine Parallele im Abstand von 19 mm unterhalb der Geraden g.

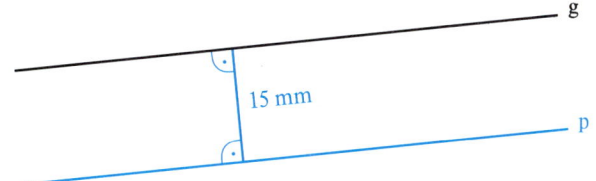

13 Zeichne oberhalb der Geraden g und h jeweils eine Parallele im Abstand von 2 cm.

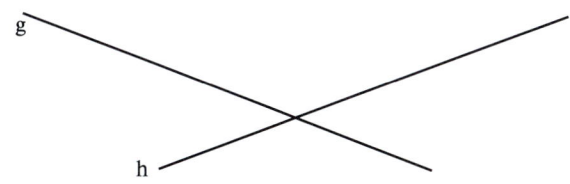

14 Beim Überqueren von Straßen sollte immer die kürzeste Strecke gewählt werden. Zeichne diesen Weg in die Skizze ein.

In der Skizze ist die kürzeste Strecke ____ cm.

zusätzliche Aufgaben

15 Zeichne das Muster in deinem Heft weiter.

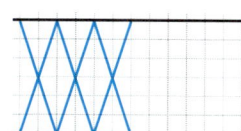

16 Zeichne das abgebildete Muster. Beginne mit einer Strecke von 6 cm. Zeichne dann jeweils senkrecht dazu eine 5 mm kürzere Strecke.

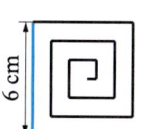

Geometrie: Grundbegriffe

3 Achsensymmetrische Figuren

Seltsame Laune der Natur?

*Tipp: Falte ein Papierflugzeug das gut segelt. Schneide nun **einen** Tragflügel so, dass er eine andere Form erhält. Beobachte, wie es jetzt „fliegt".*

Stelle dir einmal vor, die abgebildeten Schmetterlinge würden fliegen.
1. Welcher Schmetterling könnte wohl am besten fliegen? Schmetterling ▢
2. Warum könnten die anderen Schmetterlinge nicht so gut fliegen?

_____
_____
_____

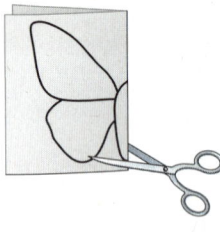

Bei Schmetterlingen sind der linke und der rechte Flügel so aufgebaut, dass sie genau aufeinander passen. Wenn du einen Schmetterling nachbauen willst, gibt es einen einfachen Trick: Nimm ein Blatt Papier und falte es in der Mitte. Zeichne nun die Umrisse des „halben" Schmetterlings, schneide ihn aus und klappe die Blätter auseinander.

3. Die folgenden Figuren _____ lassen sich auf ähnliche Weise erzeugen. Zeichne bei diesen Figuren die „Faltlinien" ein.

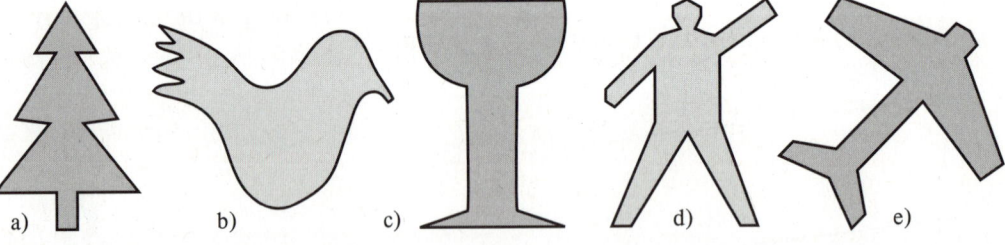

a)   b)   c)   d)   e)

Die Symmetrieachse wird auch Spiegelachse genannt.

Es gibt ebene Figuren, die sich längs einer geraden Linie so falten lassen, dass beide Teile genau aufeinander passen. Man nennt sie **achsensymmetrisch**.

Die Faltlinie ist die **Symmetrieachse** der Figur.

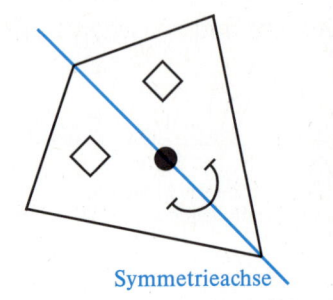

Symmetrieachse

34 Geometrie: Grundbegriffe

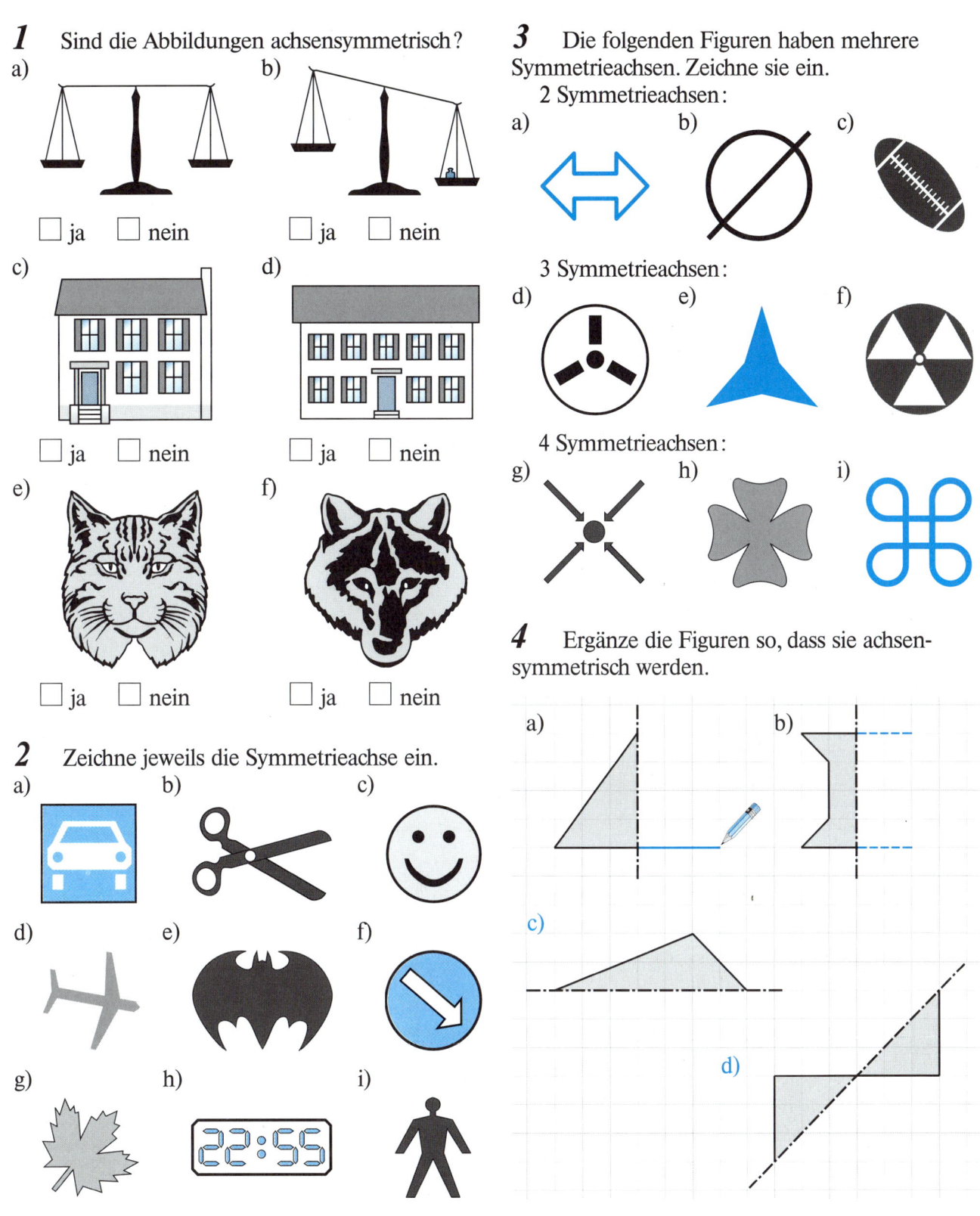

In der Geometrie verwendet man zur genauen Beschreibung der Lage von Punkten ein Netz aus senkrecht aufeinander stehenden Linien: das **Quadratgitter**. Es wird auch als Koordinatensystem bezeichnet.

Die Lage des Punktes P wird durch folgendes **Zahlenpaar** (Koordinaten) beschrieben: P(3|2)

Rechtswert → Hochwert ↑

Die erste Zahl gibt an, wie weit man vom Nullpunkt (Ursprung) aus auf der Rechtsachse gehen muss. Die zweite Zahl gibt an, wie weit man in Richtung Hochachse gehen muss.

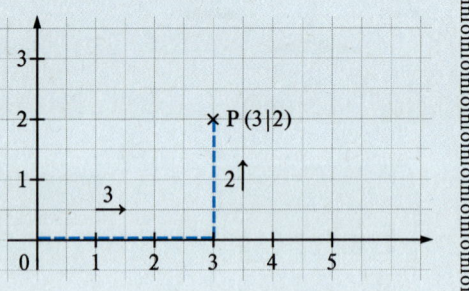

6 Ergänze zu einer achsensymmetrischen Figur. Gib die Koordinaten der Eckpunkte an.

a)
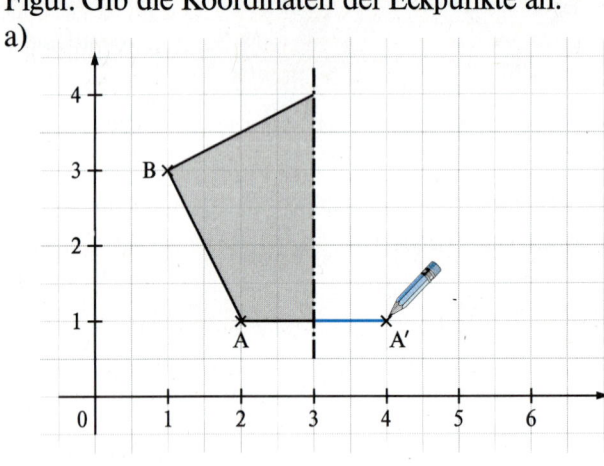

A(2|1) A'(4|1) B(|) B'(|)

b)
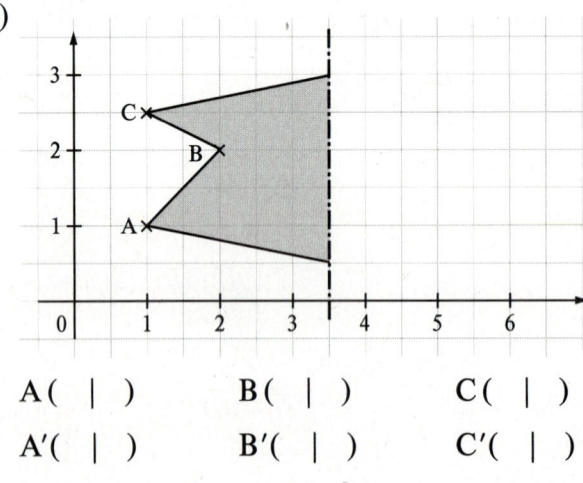

A(|) B(|) C(|)
A'(|) B'(|) C'(|)

c)
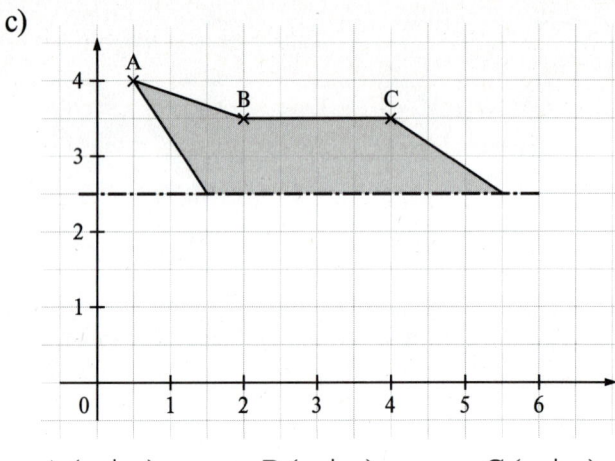

A(|) B(|) C(|)
A'(|) B'(|) C'(|)

d)
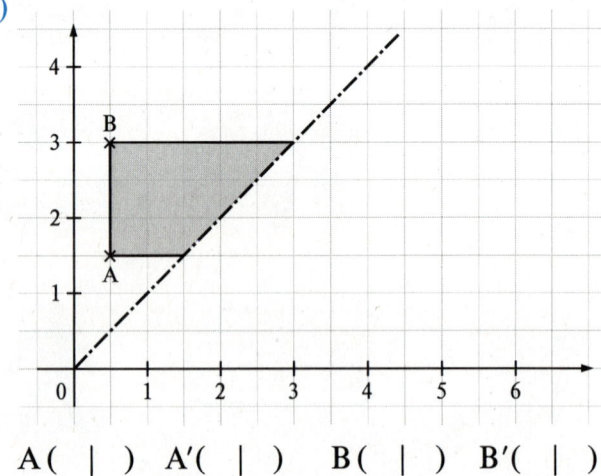

A(|) A'(|) B(|) B'(|)

zusätzliche Aufgaben

7 Zeichne in ein Koordinatensystem die Punkte A(3|1); B(1|1); C(1|3) und D(3|5). Verbinde die Punkte der Reihe nach. Zeichne durch die Punkte A und D die Symmetrieachse und ergänze zu einer achsensymmetrischen Figur.

8 Die Punkte A(2|2); B(1|3); C(2|5); D(3|4) und E(4|4) ergeben die Hälfte einer achsensymmetrischen Figur, wenn sie miteinander verbunden werden. Die Symmetrieachse geht durch die Punkte A und E. Zeichne die vollständige Figur.

Geometrie: Grundbegriffe

4 Vierecks

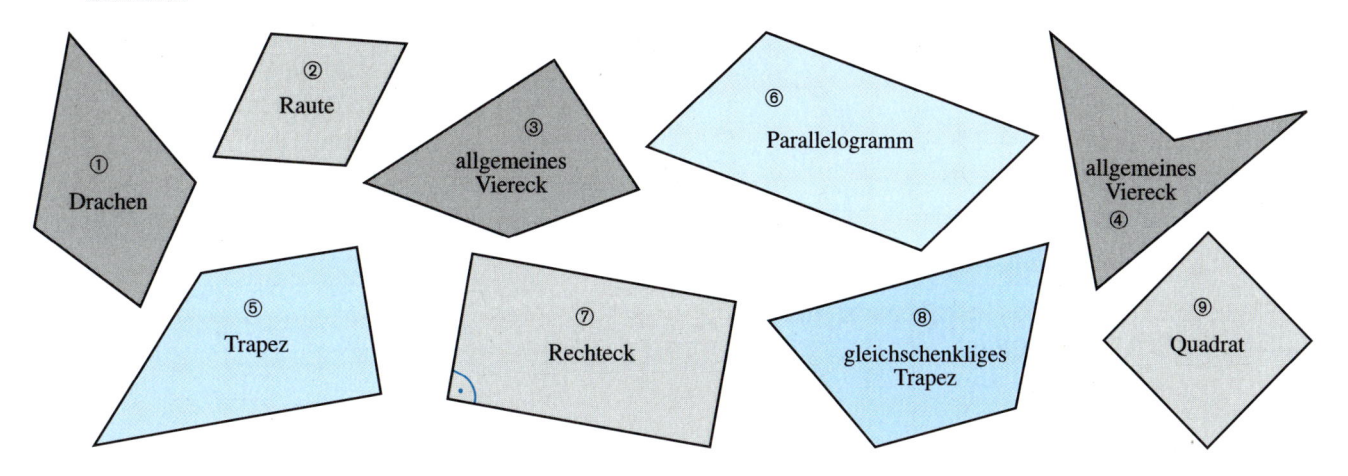

① Drachen
② Raute
③ allgemeines Viereck
④ allgemeines Viereck
⑤ Trapez
⑥ Parallelogramm
⑦ Rechteck
⑧ gleichschenkliges Trapez
⑨ Quadrat

*Vierecke, die keine Besonderheiten aufweisen, nennt man **allgemeine Vierecke**. Vierecke mit besonderen Eigenschaften haben bestimmte Namen.*

1. Untersuche mit dem Geodreieck, welche Vierecke senkrecht aufeinander stehende Seiten haben. Markiere die rechten Winkel mit dem Zeichen ⌐.

   Das _____ und das _____ haben senkrecht aufeinander stehende Seiten.

2. Welche Figuren haben Paare von parallelen Seiten? Überprüfe mit dem Geodreieck.

   Zwei parallele Seitenpaare haben _____ , _____

   _____ und _____ .

   Ein paralleles Seitenpaar haben _____ und _____ .

3. Überprüfe durch Nachmessen, welche Vierecke gleich lange Seiten haben. Kreuze in der Tabelle entsprechend an.

	1	2	3	4	5	6	7	8	9
Alle 4 Seiten sind gleich lang.									
Je 2 gegenüberliegende Seiten sind gleich lang.									
Je 2 benachbarte Seiten sind gleich lang.									

Das Quadrat
– 4 rechte Winkel
– 4 gleich lange Seiten
– 2 parallele Seitenpaare

Das Rechteck
– 4 rechte Winkel
– 2 gleich lange Seiten
– 2 parallele Seitenpaare

Die Raute
– 4 gleich lange Seiten
– 2 parallele Seitenpaare

Das Parallelogramm
– 2 gleich lange Seiten
– 2 parallele Seitenpaare

Das Trapez
– 1 paralleles Seitenpaar

Der Drachen
– 2 gleich lange Seiten

Geometrie: Grundbegriffe

1 Ordne die Namen den verschiedenen Vierecken zu.

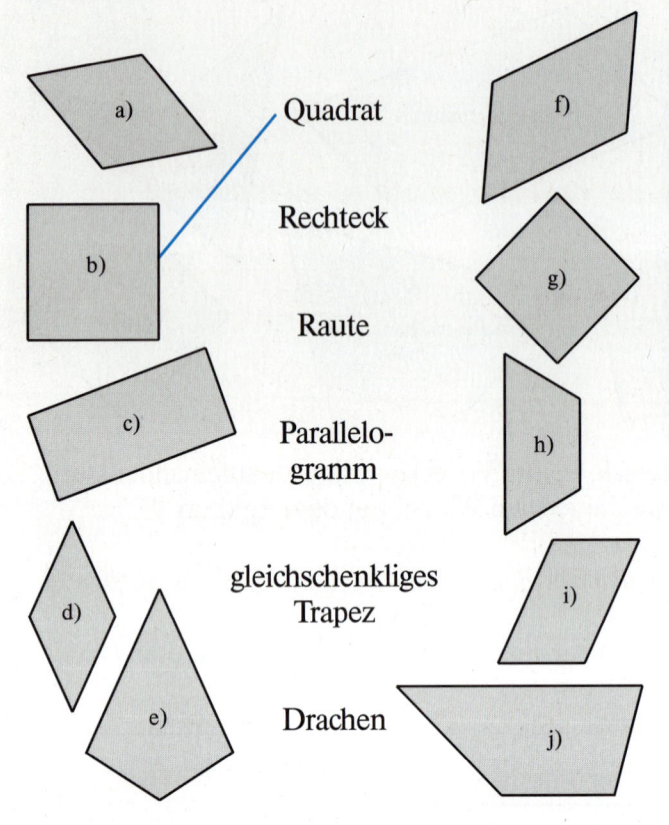

Quadrat
Rechteck
Raute
Parallelogramm
gleichschenkliges Trapez
Drachen

> **info**
> Vierecke lassen sich nach verschiedenen Merkmalen ordnen, beispielsweise nach der Anzahl der Symmetrieachsen. Diese Anordnung nennt man auch: **„Haus der Vierecke"**.
>
> allgemeines Viereck
> Parallelogramm
> Drachen
> gleichschenkliges Trapez
> Raute
> Rechteck
> Quadrat

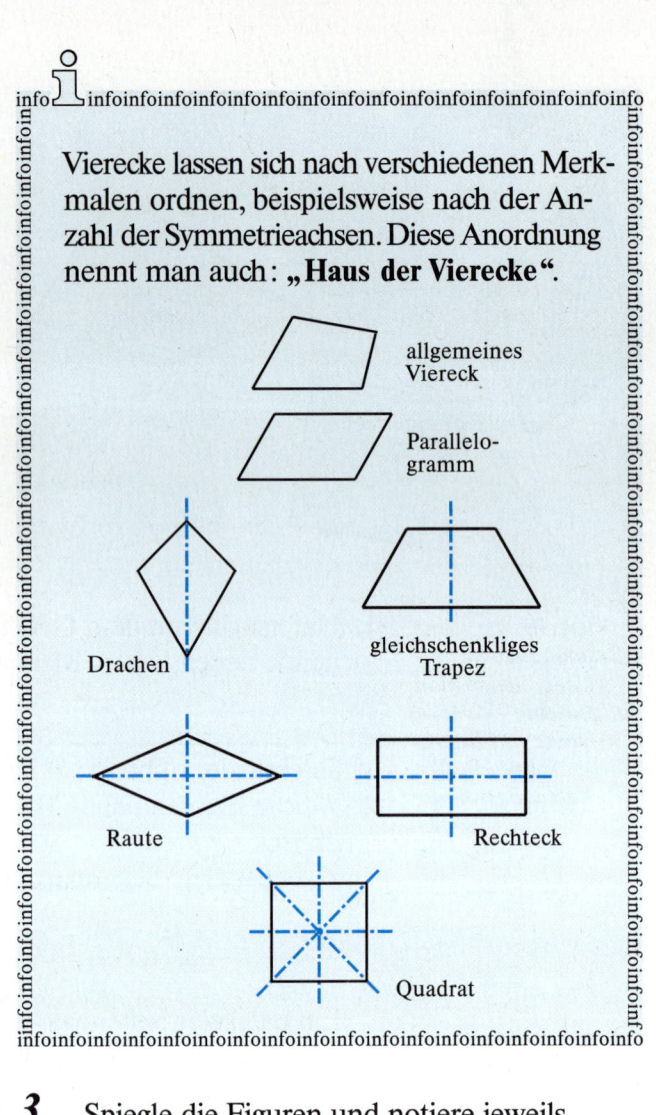

2 a) Vierecke können achsensymmetrisch sein. Welches der abgebildeten Vierecke hat keine Symmetrieachse?

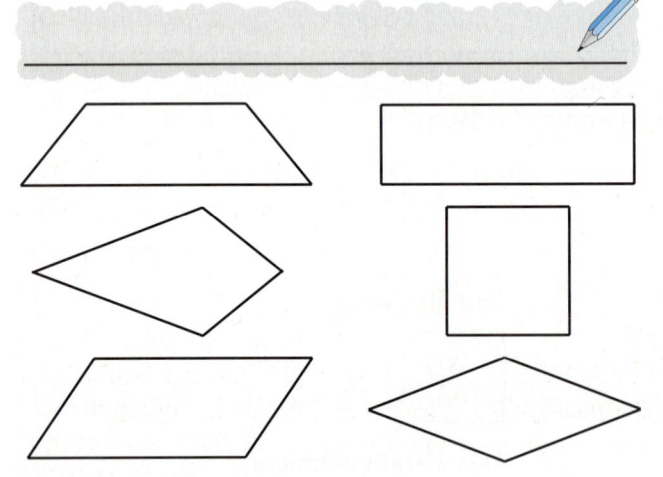

b) Zeichne bei den anderen Figuren die Symmetrieachsen ein.

3 Spiegle die Figuren und notiere jeweils, welche Vierecke dabei entstehen.

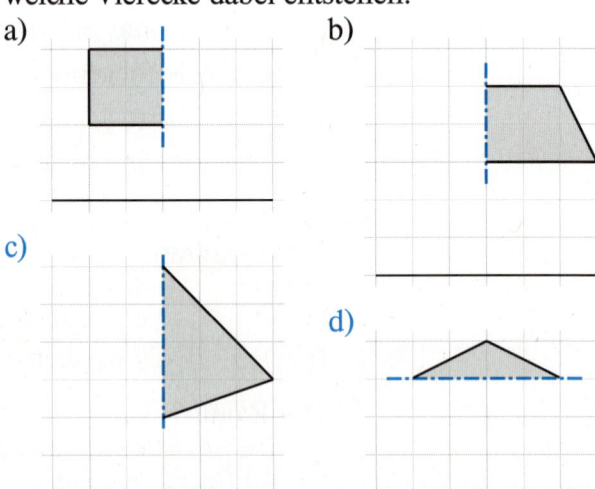

a)   b)   c)   d)

zusätzliche Aufgaben

4 Zeichne jeweils auf kariertem Papier
a) ein Rechteck mit a = 5 cm und b = 3 cm
b) ein Quadrat mit der Seitenlänge a = 4 cm
c) ein Parallelogramm mit a = 45 mm und b = 25 mm
d) eine Raute mit der Seitenlänge a = 27 mm.

5 Zeichne die Figuren in dein Heft. Wie viele Quadrate enthalten sie jeweils?

a)   b)

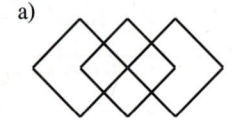

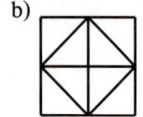

Geometrie: Grundbegriffe

6 Kreuze an, welche Eigenschaften die Vierecke haben.

	Quadrat	Rechteck	Raute	Parallelogramm
Alle 4 Seiten sind gleich lang.				
Benachbarte Seiten sind zueinander senkrecht.				
Gegenüberliegende Seiten sind zueinander parallel.				

7 Welche Vierecke lassen sich mit den gezeichneten Seiten zusammenstellen?

a) ① _____
   ② _____

b) ① _____
   ② _____
   ③ _____

8 Ergänze so, dass jeweils das angegebene Viereck entsteht.

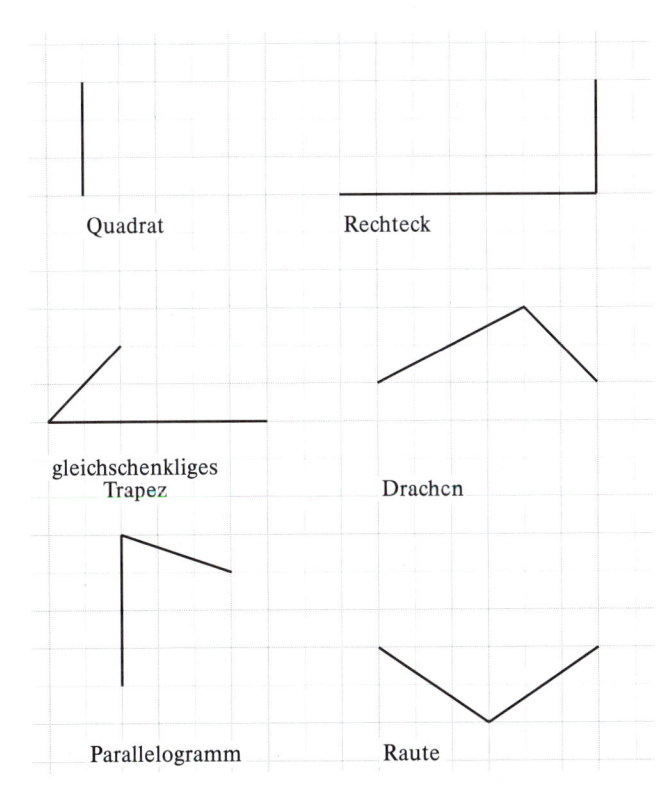

Quadrat   Rechteck

gleichschenkliges Trapez   Drachen

Parallelogramm   Raute

9 Ergänze die fehlenden Seiten so, dass das angegebene Viereck entsteht. Verwende dazu das Geodreieck.

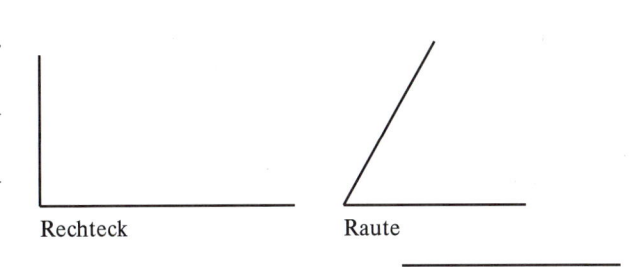

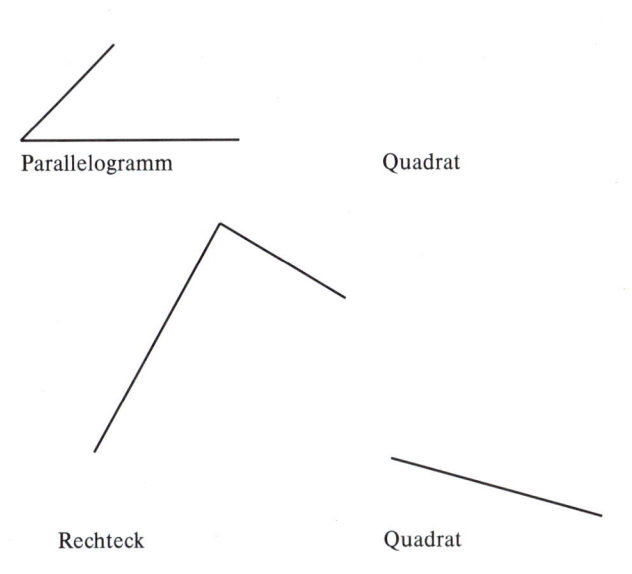

Rechteck   Raute

Parallelogramm   Quadrat

Rechteck   Quadrat

10 A, B, C und D sind die Eckpunkte von Vierecken. Verbinde die Eckpunkte und notiere den Namen des entstandenen Vierecks.

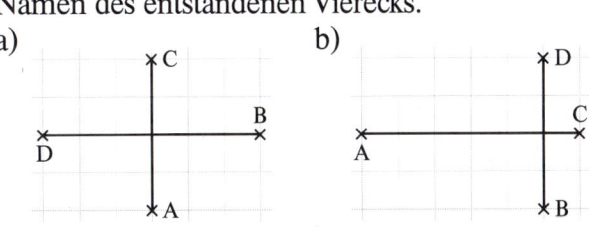

a)   b)

_____   _____

11 Zum Zeichnen von Rauten und Drachen werden oft die Diagonalen verwendet. Zeichne die zweite Diagonale (Länge: 2 cm) so ein, dass bei a) eine Raute und bei b) ein Drachen entstehen.

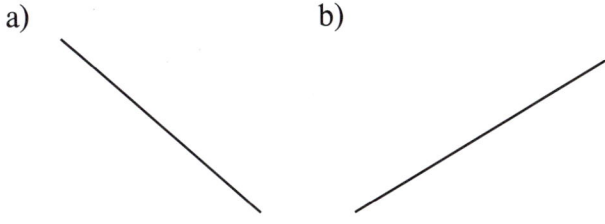

a)   b)

Geometrie: Grundbegriffe

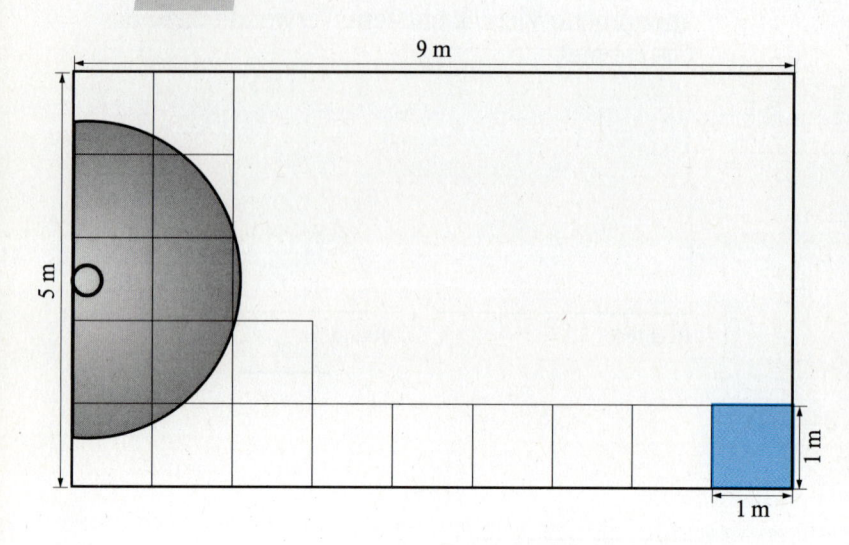

5 Umfang und Flächeninhalt von Quadrat und Rechteck

„Streetball" ist eine abgewandelte Form des Basketballspiels. Es entstand in den „schwarzen" Stadtvierteln der Großstädte in den USA. Beim Streetball wird nur auf einen Korb gespielt. Für die Anzahl der Spieler und die Größe des Spielfeldes gibt es keine festgelegten Regeln. An einer Schule soll ein „Streetballfeld" auf dem Pausenhof entstehen. Hierfür wird eine rechteckige Fläche mit quadratischen Platten aus weichem Kunststoff mit der Seitenlänge 1 m ausgelegt. Die Schüler der 5. Klasse sind bei der Planung dieses Projektes beteiligt.

1. Zuerst wird ein Plan des Spielfeldes gezeichnet. Kennzeichne im Plan gleich lange Seiten jeweils mit derselben Farbe.

2. Das Spielfeld soll eingezäunt werden. Dazu muss der Umfang des Feldes bestimmt werden. Man kann dabei unterschiedlich vorgehen. Beschreibe, wie jeweils gerechnet wurde.

   9 m + 9 m + 5 m + 5 m = 28 m   2 · (5 m + 9 m) = 2 · 14 m = 28 m

3. Die Anzahl der benötigten Platten kann man durch Abzählen bestimmen. Vervollständige mit deinem Geodreieck die Einheitsquadrate in der Zeichnung.

   Es werden [ ] Platten benötigt.

   Da der Flächeninhalt einer Platte 1 m² ist, beträgt somit der Flächeninhalt des gesamten Spielfeldes [ ] m².

4. Der Flächeninhalt lässt sich auch berechnen. Man multipliziert dabei die Maßzahlen der beiden Seitenlängen:

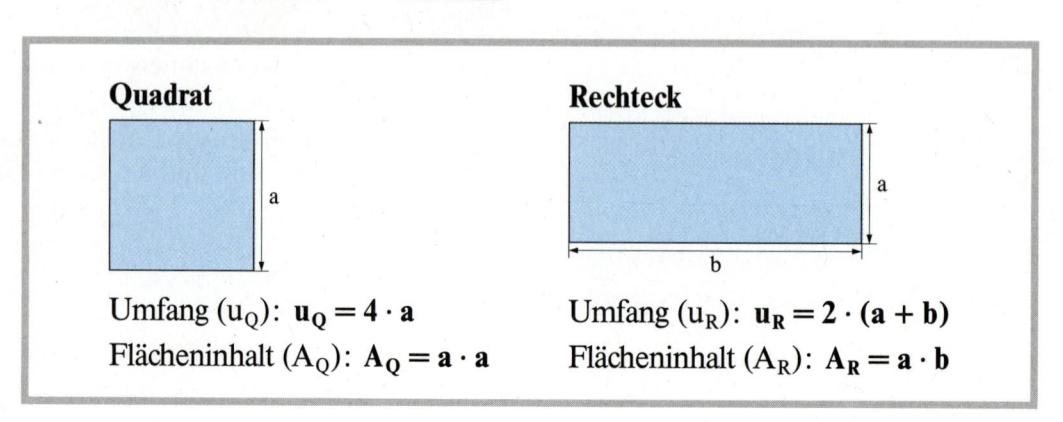

   ([ ] · [ ]) m = [ ] m².

1 m² (sprich: ein Quadratmeter) ist der Flächeninhalt eines Quadrats, das 1 m lang und 1 m breit ist. Beispiel: Seitenflügel einer Wandtafel.

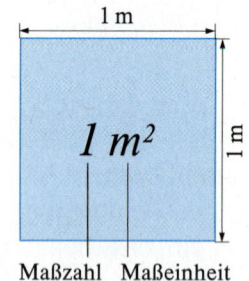

1 m² Maßzahl Maßeinheit

*Zur Berechnung des Umfangs und des Flächeninhaltes werden in die entsprechenden **Formeln** die Seitenlängen eingesetzt.*

Quadrat

Umfang (u_Q): $u_Q = 4 \cdot a$
Flächeninhalt (A_Q): $A_Q = a \cdot a$

Rechteck

Umfang (u_R): $u_R = 2 \cdot (a + b)$
Flächeninhalt (A_R): $A_R = a \cdot b$

Geometrie: Grundbegriffe

1 Schneide aus Karopapier mehrere Einheitsquadrate mit 1 cm² aus. Lege die abgebildeten Figuren mit diesen Quadraten aus und bestimme so ihren Flächeninhalt.
Miss anschließend ihre Seitenlängen und berechne den Umfang der Figuren.

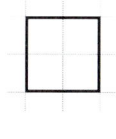

a)
A = _____ cm²
u = _____ cm

b) 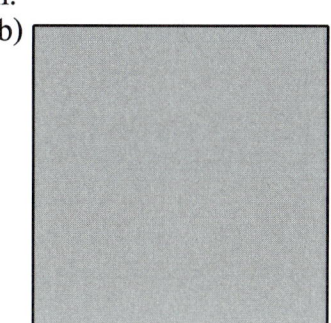
A = _____ cm²
u = _____ cm

c)
A = _____ cm²   u = _____ cm

2 Berechne den Umfang der Rechtecke und Quadrate im Kopf.
a) a = 5 cm; b = 3 cm u_R = _____ cm
b) a = 14 km; b = 36 km u_R = _____ km
c) a = 9 m u_Q = _____ m
d) a = 45 mm u_Q = _____ mm

3 Berechne den Umfang des Rechtecks und des Quadrates.

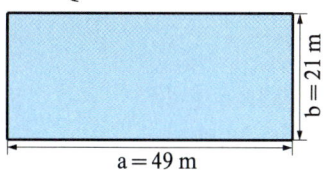

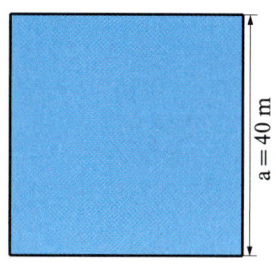

(Rechteck: a = 49 m, b = 21 m)   (Quadrat: a = 40 m)

$u_R = 2 \cdot (a + b)$ $u_Q = 4 \cdot a$

$ = 2 \cdot (\_\_ \text{ m} + \_\_ \text{ m})$ $ = 4 \cdot \_\_ \text{ m}$

$ = 2 \cdot (\_\_\_ \text{ m})$ $ = \_\_\_ \text{ m}$

$ = \_\_\_ \text{ m}$

4 Ein Rechteck hat folgende Maße: Länge a = 25 cm und Breite b = 15 cm. Berechne den Umfang mit Hilfe der Formel.

5 Fülle die Tabelle aus. Rechne im Kopf.

	a)	b)	c)	d)	e)
Länge	8 dm	32 mm	4,50 m		
Breite	4 dm	8 mm	6,50 m	25 cm	5 km
Umfang				100 cm	23 km

zusätzliche Aufgaben

6 Zeichne in dein Heft
a) ein Quadrat mit der Seitenlänge a = 5 cm.
b) ein Rechteck mit den Seitenlängen a = 6 cm und b = 4 cm.
c) ein Quadrat mit dem Umfang u_Q = 28 cm.
d) drei verschiedene Rechtecke mit dem Umfang u_R = 24 cm.

7 Berechne den Umfang der Vierecke mit Hilfe der Formel schriftlich.
a) Quadrat mit der Seitenlänge a = 17 cm.
b) Rechteck mit den Maßen a = 13 mm und b = 15 mm.
c) Rechteck mit den Maßen a = 15 dm und b = 29 dm.

8 Die Spielfelder folgender Sportarten haben unterschiedliche Maße:
    Hallenhandball (30 m breit und 60 m lang)
    Fußball (110 m lang und 70 m breit).
a) Berechne den Umfang der beiden Spielfelder.
b) Zu Beginn des Trainings laufen die Fußballer 5 Runden und die Handballer 10 Runden um ihr Spielfeld. Welche Sportler haben dabei die längere Strecke zurückgelegt?
c) Zum Abschluss des Trainings laufen die Fußballer noch einmal 3 Runden um ihr Spielfeld. Wie viele Runden müssen die Handballer laufen, um die gleiche Strecke zurückzulegen?

Geometrie: Grundbegriffe

Flächenmaße bis 1 m²

Seitenlänge des Quadrats	Flächeninhalt des Quadrats
1 mm	1 Quadratmillimeter (1 mm²)
1 cm	1 Quadratzentimeter (1 cm²)
1 dm	1 Quadratdezimeter (1 dm²)
1 m	1 Quadratmeter (1 m²)

9 Ergänze die fehlenden Maßzahlen und Maßeinheiten.

	Länge	Breite	Flächeninhalt
a)	8 dm	7 dm	____ ____
b)	3 m	12 m	____ ____
c)	15 mm	5 mm	____ ____
d)	7 cm	____ ____	56 cm²
e)	____ ____	6 m	78 m²
f)	____ ____	11 dm	121 dm²
g)	13 cm	____ ____	117 cm²
h)	12 mm	12 mm	____ ____
i)	____ ____	15 cm	105 cm²
j)	10 cm	100 cm	____ ____
k)	9 m	____ ____	81 m²

10 a) Familie Neubauer ist umgezogen. Peter und Ina bekommen neue Kinderzimmer. Jeder will das größere Zimmer haben. Welches ist das größere der beiden?

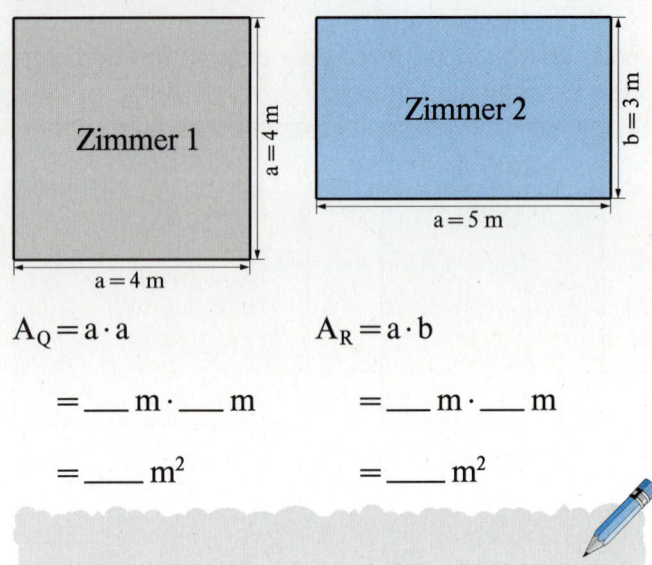

Zimmer 1: a = 4 m, a = 4 m
Zimmer 2: a = 5 m, b = 3 m

$A_Q = a \cdot a$ $\qquad$ $A_R = a \cdot b$

= ___ m · ___ m $\qquad$ = ___ m · ___ m

= ___ m² $\qquad$ = ___ m²

b) Eine Wand in Zimmer 1 soll mit Holz verkleidet werden. Das Fenster hat den Flächeninhalt 2 m². Wie groß ist die zu verkleidende Fläche?

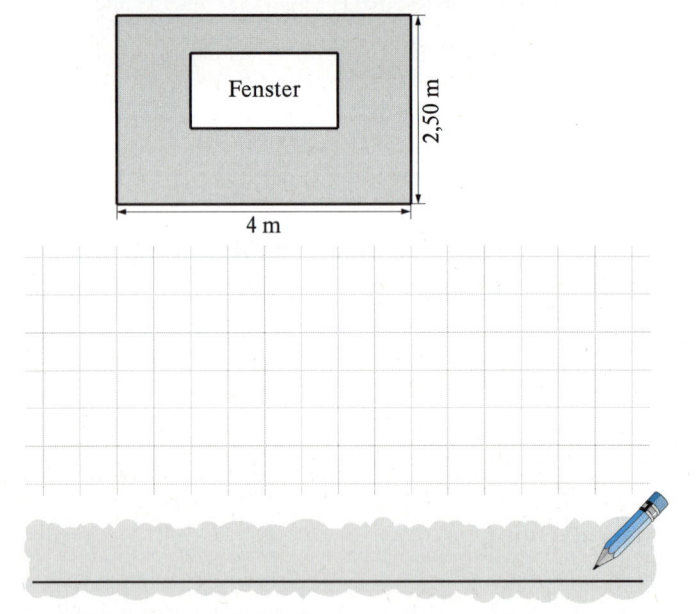

Wand: 4 m × 2,50 m mit Fenster

zusätzliche Aufgaben

11 Zeichne folgende Flächen in dein Heft:
a) ein Rechteck mit der Seitenlänge a = 7 cm und dem Flächeninhalt A_R = 21 cm².
b) ein Quadrat mit dem Flächeninhalt A_Q = 16 cm².
c) drei verschiedene Rechtecke mit dem Flächeninhalt A = 24 cm².

12 Berechne den Flächeninhalt mit Hilfe der Formel:
a) Quadrat (a = 8 cm). b) Rechteck (a = 7 dm und b = 13 dm).
c) Quadrat (a = 12 m). d) Rechteck (a = 11 mm und b = 15 mm).
e) Quadrat (a = 9 m). f) Rechteck (a = 8 m und b = 13 m).

13 Lisa und Kurt haben Gartendienst. Kurt übernimmt den Hof und Lisa den Weg.
a) Zuerst muss das Unkraut von den Rändern entfernt werden. Wer hat dabei den längeren Randstreifen zu bearbeiten?
b) Anschließend sollen beide Flächen gekehrt werden. Wer hat die größere Fläche zu kehren, Lisa oder Kurt?
c) Lisa und Kurt schätzen, dass sie in einer Minute 4 m² kehren können. Wie viel Zeit braucht jeder um seine Fläche zu kehren?

Hof: 8 m × 8 m; Weg: 30 m × 2 m

42 $\qquad$ Geometrie: Grundbegriffe

6 Geometrische Körper

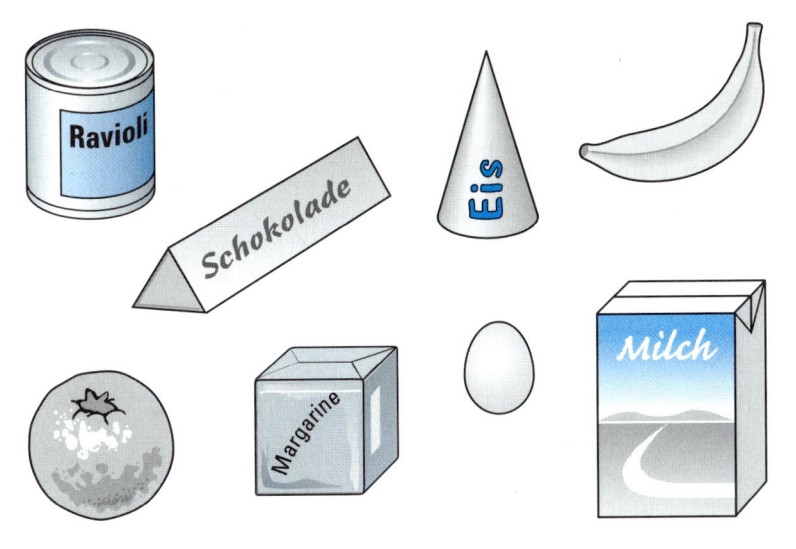

Bei der „Verpackung" von Lebensmitteln ist die Natur sehr „erfinderisch". So haben z. B. die Schalen von Bananen, von Orangen oder von Eiern völlig unterschiedliche Formen.
Trotzdem werden viele Lebensmittel aus Gründen der Hygiene, des sicheren Transports und der Platz sparenden Lagerhaltung nochmals separat verpackt. Dazu dienen vor allem Schachteln, Dosen und Flaschen mit den unterschiedlichsten Formen. Viele dieser Verpackungen haben dabei die Formen von **geometrischen Körpern**.

Welche Form hat die abgebildete Verpackung? Kreuze an.

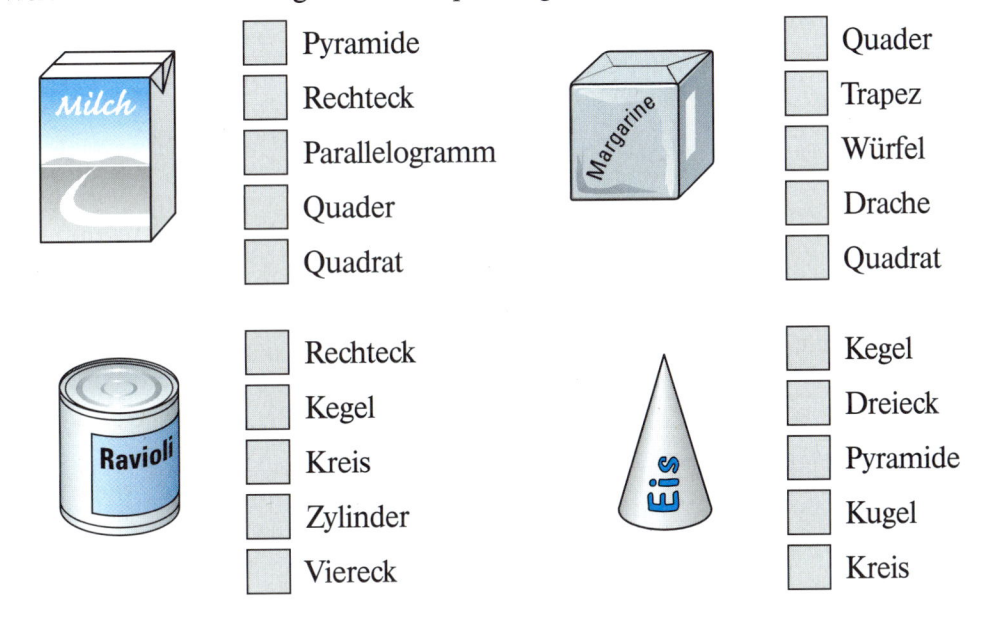

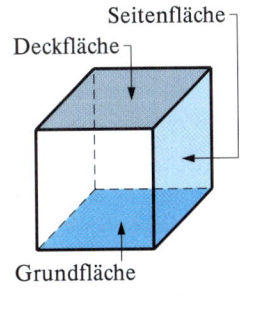

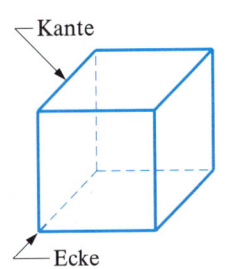

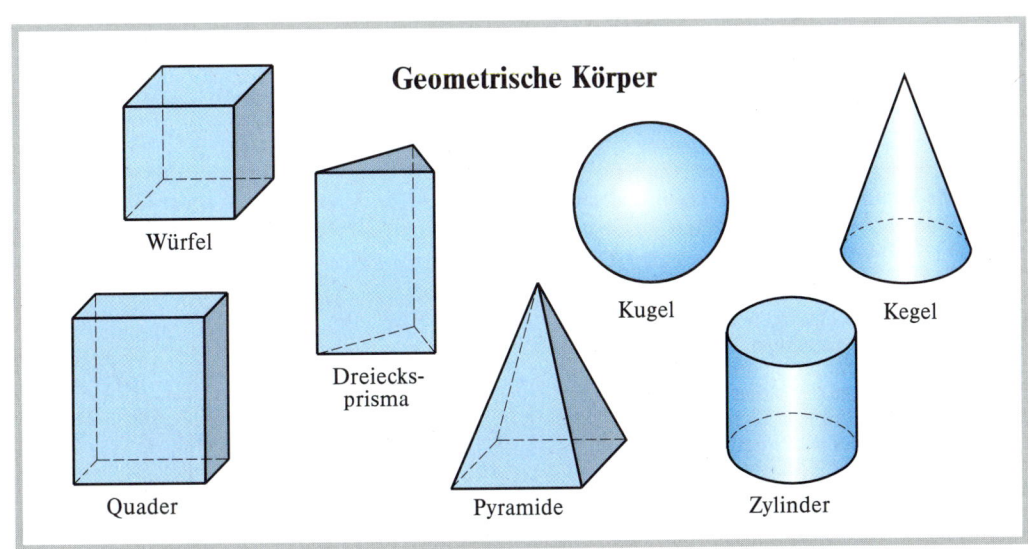

Milch:
- ☐ Pyramide
- ☐ Rechteck
- ☐ Parallelogramm
- ☐ Quader
- ☐ Quadrat

Margarine:
- ☐ Quader
- ☐ Trapez
- ☐ Würfel
- ☐ Drache
- ☐ Quadrat

Ravioli:
- ☐ Rechteck
- ☐ Kegel
- ☐ Kreis
- ☐ Zylinder
- ☐ Viereck

Eis:
- ☐ Kegel
- ☐ Dreieck
- ☐ Pyramide
- ☐ Kugel
- ☐ Kreis

Seitenfläche, Deckfläche, Grundfläche

Kante, Ecke

Geometrische Körper

Würfel, Quader, Dreiecksprisma, Kugel, Pyramide, Kegel, Zylinder

Geometrie: Grundbegriffe **43**

1 Ordne folgende Gegenstände den entsprechenden geometrischen Körpern zu.

Schultüte; Fußball; Schuhkarton; Bleistiftspitze; Walze; Globus; Murmel; Streichholzschachtel; Baumstamm.

Zylinder: _____

Pyramide: _____

Kugel: _____

Kegel: _____

Quader: _____

2 Welche Eigenschaften treffen auf die abgebildeten Körper zu? Es sind mehrere Lösungen möglich. Kreuze an.

a)
☐ 12 Ecken
☐ 8 Flächen
☐ 6 Flächen
☐ 8 Kanten
☐ 8 Ecken
☐ 12 Kanten

b)
☐ 4 Flächen
☐ 1 Spitze
☐ 8 Kanten
☐ 7 Ecken
☐ 5 Flächen
☐ 6 Kanten

c)
☐ 0 Kanten
☐ 3 Flächen
☐ 4 Ecken
☐ 0 Ecken
☐ 2 Kanten
☐ 1 Fläche

d)
☐ 1 Fläche
☐ 3 Kanten
☐ 2 Flächen
☐ 1 Spitze
☐ 1 Kante
☐ 2 Kanten

3 Aus welchen geometrischen Körpern bestehen die Bauwerke? Schreibe auf.

Bauwerk 1 besteht aus:

_____

_____

Bauwerk 2 besteht aus:

_____

_____

_____

_____

Bauwerk 3 besteht aus:

_____

_____

_____

_____

_____

_____

zusätzliche Aufgaben

4 Welche Körper haben folgende Eigenschaften? Es sind mehrere Antworten möglich.
a) Körper mit nur einer Spitze.
b) Körper ohne Ecken und Kanten.
c) Körper mit 6 Ecken.
d) Körper, der von 5 Flächen begrenzt wird.
e) Körper mit nur rechteckigen Flächen.
f) Körper mit kreisförmiger Grundfläche.
g) Körper mit nur quadratischen Flächen.
h) Körper mit kreisförmiger Grund- und Deckfläche.
i) Körper mit dreieckiger Grundfläche.
j) Körper, der von 3 Flächen begrenzt wird.
k) Körper, der von 2 Flächen begrenzt wird.
l) Körper, der von mehreren dreieckigen Flächen und mindestens einer rechteckigen Fläche begrenzt wird.

5 Hier wurden einige Körper auseinander geschnitten. Welche Teile gehören zusammen? Wie heißen die ursprünglichen Körper?

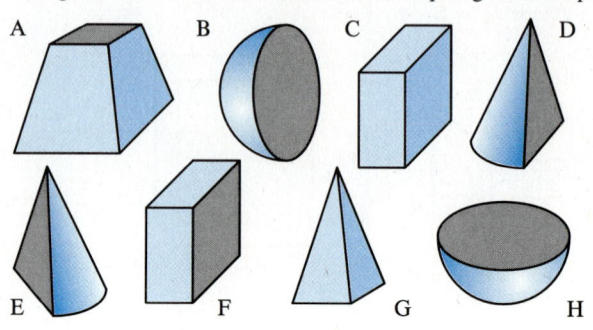

A B C D

E F G H

Geometrie: Grundbegriffe

6 Viele geometrische Körper lassen sich mit Hilfe von Holzstäbchen und Knetkügelchen modellhaft bauen.
Man spricht dann von einem **„Kantenmodell"**.

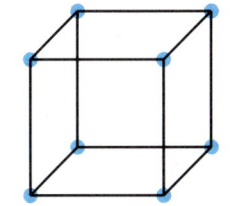

Wie viele Holzstäbchen (Kanten) und wie viele Knetkügelchen (Ecken) werden jeweils für ein Kantenmodell benötigt? Fülle die Tabelle aus.

	Holzstäbchen (Kanten)	Knetkügelchen (Ecken)
Würfel		
Quader		
Dreiecksprisma		
Pyramide		

7 Die Klasse 5 spielt „Geometrische Körper gesucht!".
Schreibe die Namen der gesuchten Körper in die Zeilen. Manchmal gibt es mehrere Möglichkeiten.

Lara: „Mein Gegenstand hat 8 Ecken."

Name des Körpers: _____

Jürgen: „Mein Gegenstand hat keine Kanten."

Name des Körpers: _____

Ines: „Mein Gegenstand hat 9 Kanten."

Name des Körpers: _____

Eva: „Mein Gegenstand hat 12 Kanten, von denen jeweils 4 Kanten immer gleich lang sind."

Name des Körpers: _____

8 Zu welchen geometrischen Körpern gehören die abgebildeten Flächen (Körpernetze)? Kreuze an.

a) 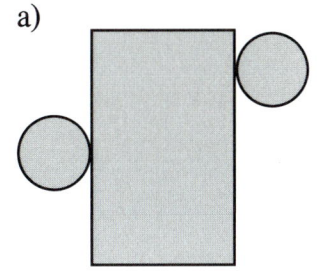
☐ Kegel
☐ Kugel
☐ Zylinder
☐ Pyramide
☐ Würfel

b) 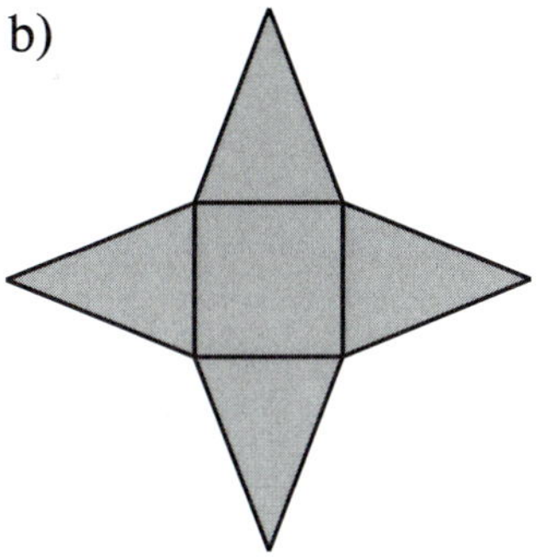
☐ Zylinder
☐ Dreiecksprisma
☐ Kegel
☐ Pyramide
☐ Quader

c) 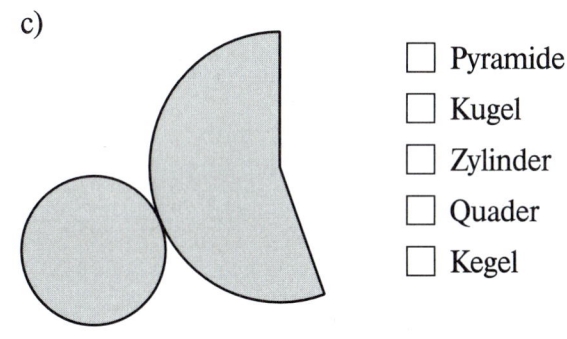
☐ Pyramide
☐ Kugel
☐ Zylinder
☐ Quader
☐ Kegel

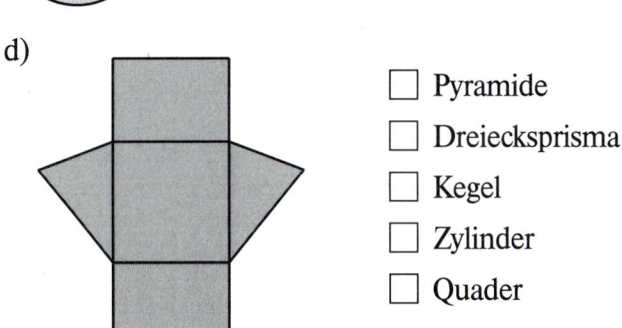

d)
☐ Pyramide
☐ Dreiecksprisma
☐ Kegel
☐ Zylinder
☐ Quader

---

zusätzliche Aufgaben

9 Welche geometrischen Körper haben die folgenden Eigenschaften?
a) 8 Ecken und 6 quadratische Flächen.
b) Alle Kanten sind gleich lang.
c) 5 Ecken und 8 Kanten.
d) 6 Ecken und 9 Kanten.
e) Dreieckige Grund- und Deckfläche.
f) Keine Ecken, keine Kanten und keine Spitze.

10 Wie lang muss ein Draht sein, um ein Kantenmodell der folgenden Körper herzustellen?
a) Würfel mit einer Seitenlänge von $a = 5$ cm.
b) Würfel mit einer Seitenlänge von $a = 13$ cm.
c) Quader mit der Länge $a = 4$ cm, der Breite $b = 7$ cm und der Höhe $c = 5$ cm.
d) Quader mit der Länge $a = 9$ cm, der Breite $b = 3$ cm und der Höhe $c = 2$ cm.

Geometrie: Grundbegriffe

7 Würfel und Quader und deren Netze

„Würfelspiele" waren schon im alten Ägypten, im Orient und in Indien verbreitet.
Allerdings waren Würfelspiele in Indien keine Glücksspiele, es ging beim Spielen eher um Geschicklichkeit und Reaktion. Man verwendete quaderförmige Holzstücke, die in die Luft geworfen wurden. Wenn der Spieler meinte, das Holzstück würde für ihn ungünstig fallen, durfte er es in der Luft auffangen und erneut werfen.
Heute verwendet man oft bei Zufallsspielen einen Spielwürfel.

1. Betrachte den oben abgebildeten Spielwürfel und fülle den Lückentext aus.

    Ein Würfel ist ein geometrischer _____ . Er wird von 6 _____

    begrenzt. Sie haben die Form von _____ .

    Der Würfel besitzt 8 _____ und 12 _____ .

2. Nimm eine quaderförmige Streichholzschachtel und versuche zu „würfeln". Was fällt dir auf? Begründe.

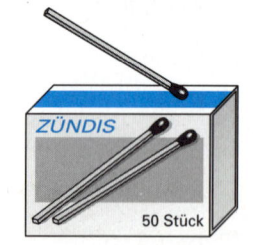

    _____
    _____
    _____

3. Betrachte die Streichholzschachtel genau und ergänze folgenden Text.

    Eine Streichholzschachtel hat die Form eines _____ .

    Dieser wird von 6 Flächen begrenzt. Sie haben die Form von _____ .

    Ein Quader besitzt 8 _____ und 12 _____ .

*Flächen mit gleicher Form und Größe nennt man **deckungsgleich**.*

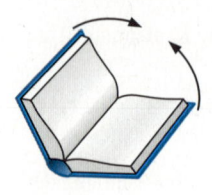

Würfel
— Kante
— Ecke

Jeder Würfel wird von 6 deckungsgleichen Quadraten begrenzt.

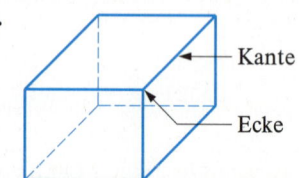

Quader
— Kante
— Ecke

Jeder Quader wird von 6 Rechtecken begrenzt. Je zwei gegenüberliegende Rechtecke sind deckungsgleich.

Geometrie: Grundbegriffe

1 Welche Eigenschaften treffen auf den Würfel, welche auf den Quader und welche auf beide zu? Kreuze an.

	Würfel	Quader
a) Alle Kanten sind gleich lang.		
b) Der Körper hat 8 Ecken.		
c) Der Körper hat 12 Kanten.		
d) Gegenüberliegende Kanten sind gleich lang.		
e) Gegenüberliegende Kanten sind parallel zueinander.		
f) Alle 6 Flächen sind gleich groß.		
g) Gegenüberliegende Flächen sind gleich groß.		

> **Quadernetz und Würfelnetz**
> Faltet man einen Quader (Würfel) auseinander, so erhält man das Netz eines Quaders (Würfels).
>
> 1. Quader 2.
> 3. Quadernetz

2 Peter möchte sich aus Draht ein Kantenmodell eines Quaders basteln. Wie lang muss der Draht sein? Rechne im Kopf.

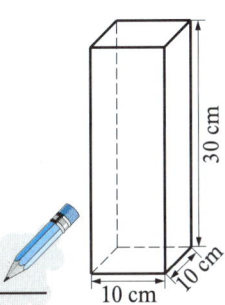

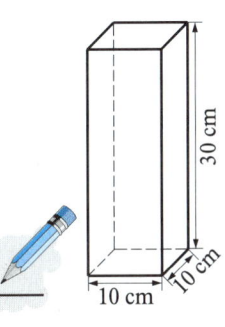

(30 cm, 10 cm, 10 cm)

3 Katrin hat viele kleine Würfel mit der Kantenlänge a = 1 cm. Sie möchte daraus größere Würfel bauen. Wie viele kleine Würfel braucht sie, um einen Würfel mit einer Kantenlänge von 2 cm (3 cm; 4 cm) zu bauen? Fülle die Tabelle aus.

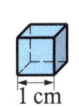

Kantenlänge	a) 2 cm	b) 3 cm	c) 4 cm
Anzahl der kleinen Würfel			

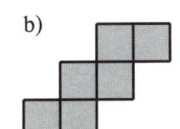

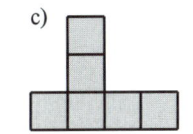

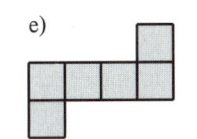

4 Ergänze folgende Figur zu
a) einem Würfelnetz.

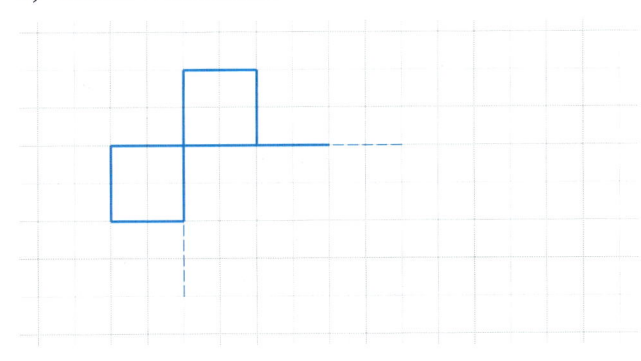

b) einem Quadernetz.

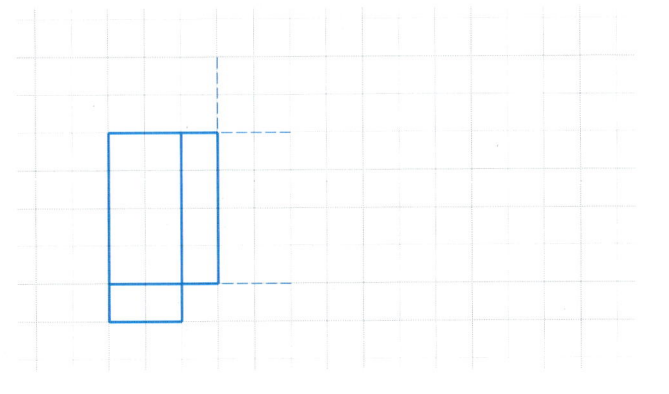

zusätzliche Aufgaben

5 Welche der folgenden Netze lassen sich zu einem Würfel zusammenfalten?
a) b) c) d) e)

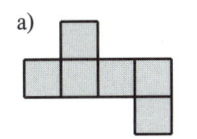

Geometrie: Grundbegriffe **47**

6 Maria und Elke wollen 3 Kartons bemalen. Die gegenüberliegenden Flächen sollen immer dieselbe Farbe bekommen.
Färbe die Netze der Quader entsprechend.

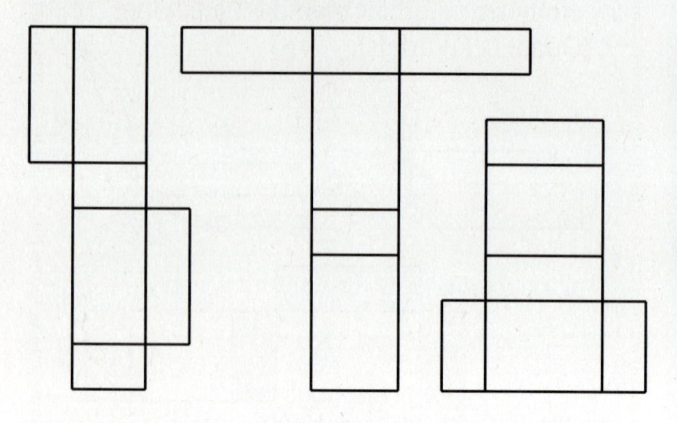

7 Aus welchen Netzen lassen sich Quader herstellen? Kreuze an.

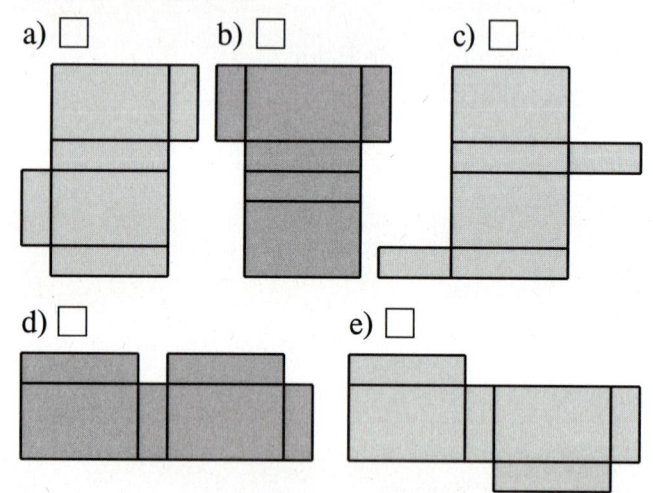

a) ☐   b) ☐   c) ☐

d) ☐   e) ☐

8 Falte in Gedanken die Würfelnetze. Gib die fehlenden Augenzahlen an. Die Summe der gegenüberliegenden Augenzahlen beträgt immer 7.

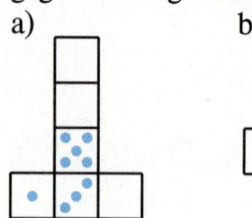

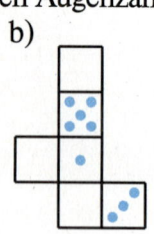

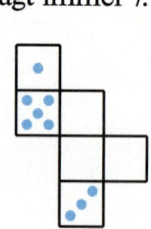

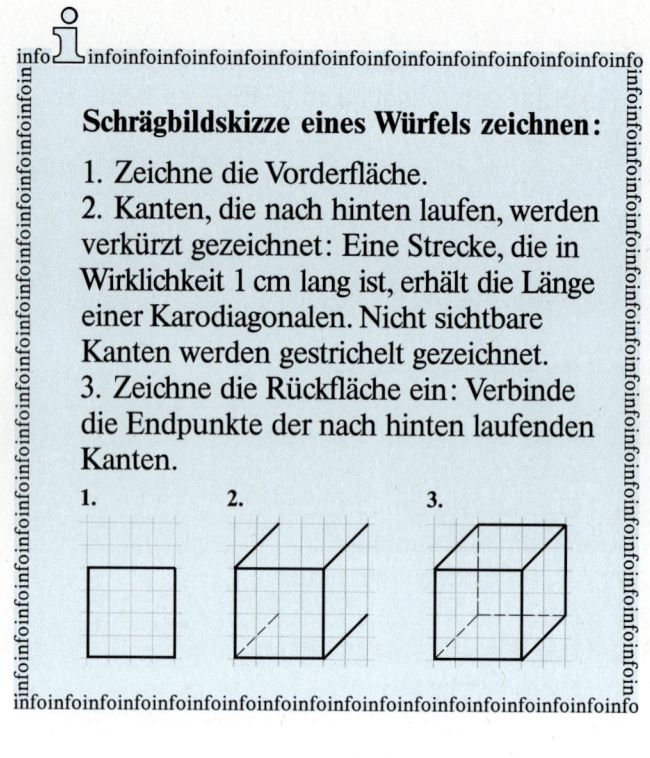

a)   b)   c)

> **info**
>
> **Schrägbildskizze eines Würfels zeichnen:**
>
> 1. Zeichne die Vorderfläche.
> 2. Kanten, die nach hinten laufen, werden verkürzt gezeichnet: Eine Strecke, die in Wirklichkeit 1 cm lang ist, erhält die Länge einer Karodiagonalen. Nicht sichtbare Kanten werden gestrichelt gezeichnet.
> 3. Zeichne die Rückfläche ein: Verbinde die Endpunkte der nach hinten laufenden Kanten.
>
> 1.   2.   3.

9 Vervollständige die Zeichnung zu einer Schrägbildskizze eines Würfels.

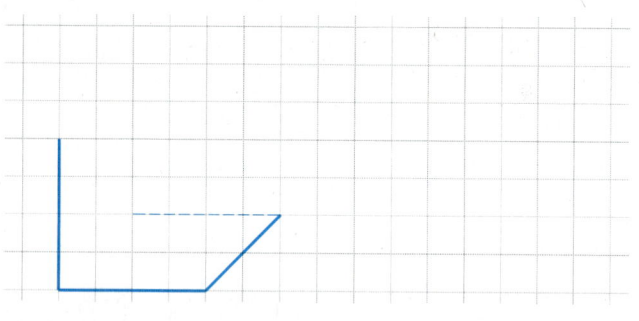

10 Vervollständige die Zeichnung zu einer Schrägbildskizze eines Quaders.

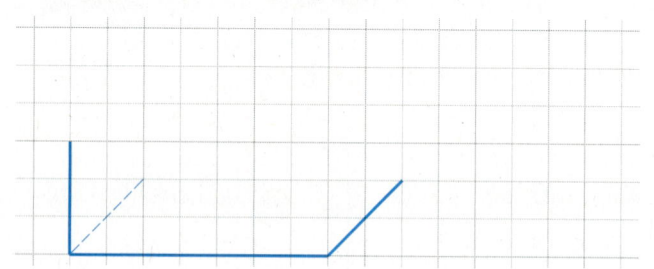

zusätzliche Aufgaben

11 Zeichne folgende Schrägbilder in dein Heft. Würfel mit
a) a = 4 cm   b) A = 36 cm².

12
a) Wie viele Holzwürfel kann man aus dem Holzbalken sägen?
b) Welche Form hat das Reststück?

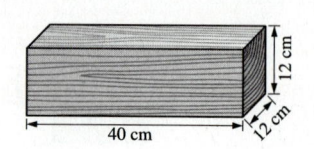

40 cm   12 cm   12 cm

13 Evi verpackt ein Geschenk in eine würfelförmige Schachtel.
a) Sie möchte alle 6 Seiten mit buntem Papier bekleben. Wie viel cm² Papier benötigt sie dafür?
b) Ein Papierbogen ist 25 cm breit und 30 cm lang. Reicht der Bogen zum Verpacken des Geschenkes?
c) Für die Schleife benötigt Evi 50 cm. Wie lang muss das Geschenkband mindestens sein?

10 cm

48   Geometrie: Grundbegriffe

8 Vernetzte Aufgaben

Die Cheopspyramide von Gise

Pyramiden sind Grabstätten, die in Mittel- und Südamerika aber auch in Ägypten stehen. Sie sind Zeugen früherer Hochkulturen. Die größte Pyramide der Welt ist die Cheopspyramide von Gise (Ägypten). Sie wurde vor ungefähr 4000 Jahren erbaut. Wie viele andere Pyramiden, wurde auch die Cheopspyramide als Grab für den Pharao Cheops errichtet, der nach seinem Tod darin aufgebahrt wurde. Sie zählt heute noch zu den sieben Weltwundern.

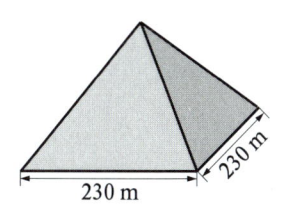

1 Welche Form hat die Grundfläche der Pyramide?

2 Wie viele Meter legt man mindestens zurück, wenn man um die Pyramide herumläuft?

3 Ein Fußballfeld ist 90 m lang und 65 m breit. Überschlage im Kopf, wie viel Mal größer die Grundfläche der Pyramide verglichen mit der Grundfläche eines Fußballfeldes ist.

4 Die Cheopspyramide war bis zur Fertigstellung des Kölner Doms im Jahre 1880 das höchste Bauwerk der Welt. Der Kölner Dom hat eine Höhe von 156 m und überragt die Pyramide um 9 m. Wie hoch ist die Pyramide?

5 Beim Bau der Pyramiden wurden quaderförmige Steine in Stufen übereinander gebaut. Die Höhe eines Steins beträgt etwa 14 dm, die Höhe der Pyramide 147 m. Aus wie vielen Stufen besteht die Pyramide?

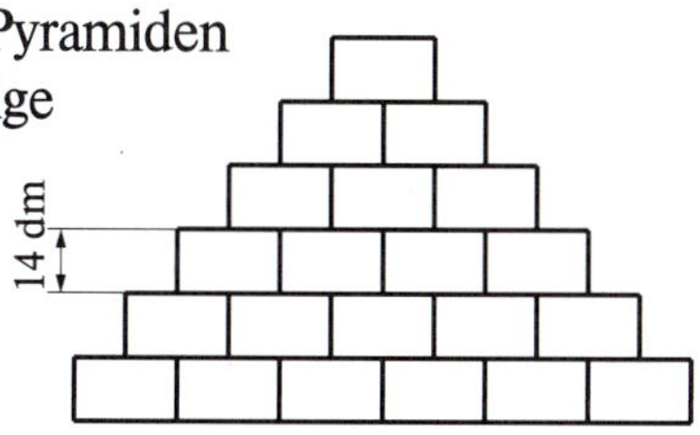

6 Eine Pyramide besteht aus etwa 2 500 000 Steinen. Ein Stein wiegt durchschnittlich 2 500 kg. Welches Gesamtgewicht haben die Steine zusammen?

Basteln einer Pyramide

Material:
DIN-A4-Stück Pappe, Karopapier, Kleber, Schere

Anleitung:
Übertrage das Pyramidennetz, wie unten abgebildet, auf Karopapier. Klebe deine Zeichnung anschließend auf das Stück Pappe und schneide sie entlang der gestrichelten Linien aus. Knicke nun das Netz entlang der blauen Linie um und klebe die Klebelaschen zusammen.

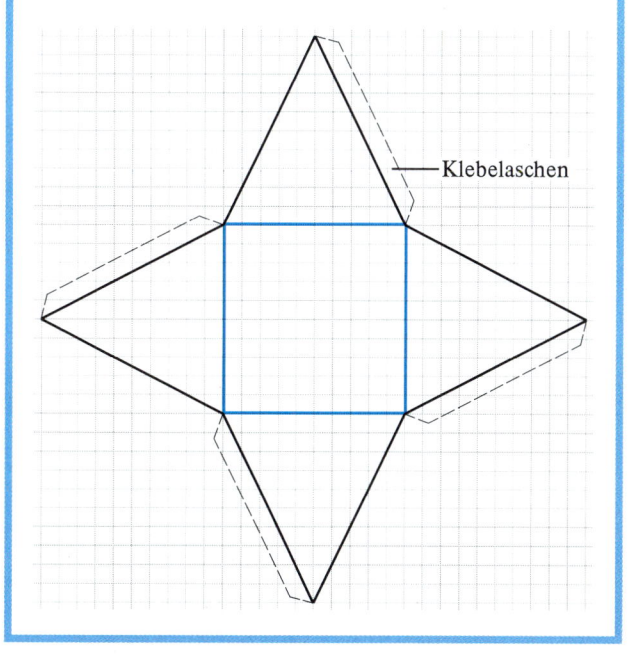

Geometrie: Grundbegriffe

Rund ums Streichholz

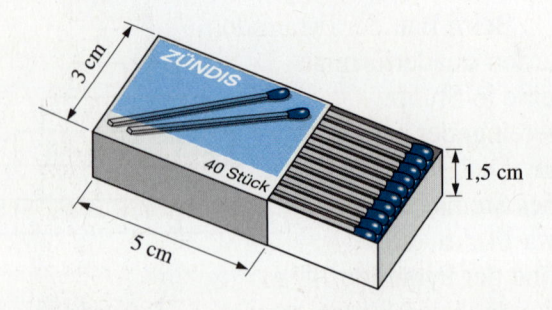

7 Betrachte die oben abgebildete Streichholzschachtel und berechne den Flächeninhalt der Flächen A und B.

Fläche A: _____   Fläche B: _____

8 In einer Schachtel befinden sich 40 Zündhölzer. Berechne die Anzahl der Hölzer, die jeder Stapel enthält.

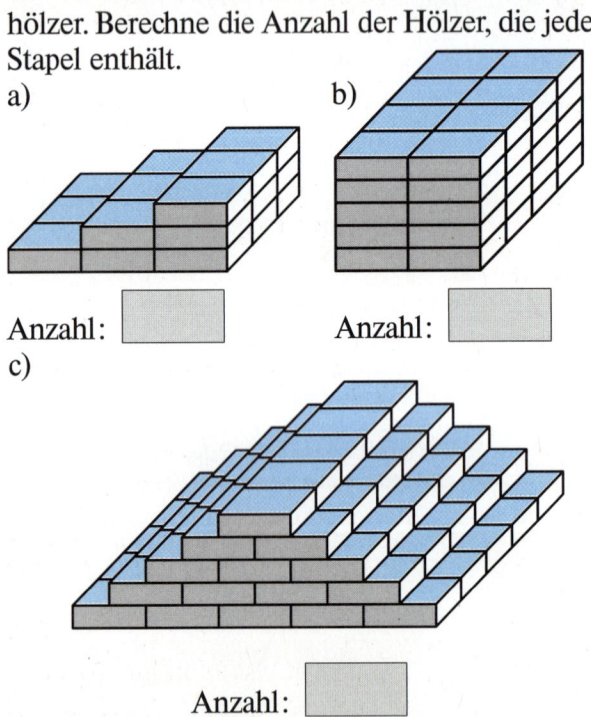

a) Anzahl: ☐   b) Anzahl: ☐

c) Anzahl: ☐

9 Knobeln mit Streichhölzern.
Du brauchst 12 Streichhölzer.
— Lege aus vier Hölzern ein Quadrat.
— Lege ein zweites Quadrat aus vier Streichhölzern, so dass die rechte obere Ecke die linke untere Ecke des ersten Quadrates berührt.
— Lege ein drittes Quadrat aus vier Streichhölzern, so dass die linke obere Ecke die rechte untere Eckes des ersten Quadrates berührt.
— Lege nun drei Streichhölzer so um, dass vier kleine Quadrate ein großes Quadrat bilden.

10 Zwei Streichholzschachteln werden jeweils so zusammengeklebt, dass folgende Figuren entstehen:

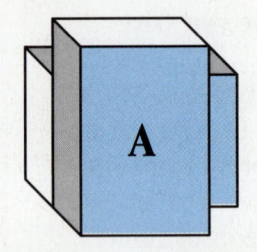

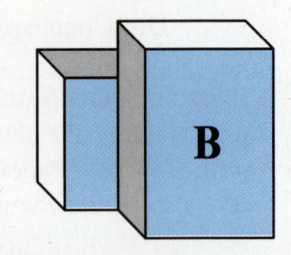

A   B

Welche der Zeichnungen entsprechen Figur A, welche Figur B? Trage den zugehörigen Buchstaben auf jeder Schachtel ein.

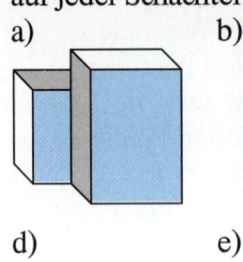

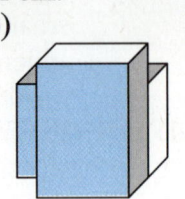

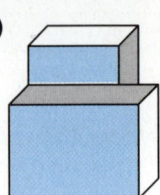

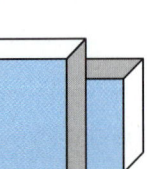

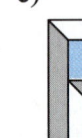

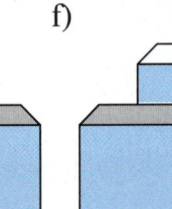

a)   b)   c)

d)   e)   f)

11 Lege die Streichhölzer zuerst wie abgebildet und dann nach den angegebenen Vorschriften um. Skizziere die entsprechenden Lösungen.

a) Lege drei Hölzer um, so dass drei Quadrate entstehen, die immer nur an einer Ecke zusammenstoßen.

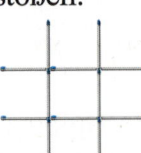

b) Nimm fünf Hölzer weg, so dass drei Quadrate übrig bleiben.

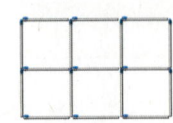

c) Lege vier Hölzer um, so dass zwei Quadrate entstehen.

Geometrie: Grundbegriffe

Kirchen, Münster und Dome

Fast in jedem Ort befinden sich eine oder mehrere Kirchen. In größeren Städten gibt es auch Münster und Dome.
Münster waren früher Klöster oder Kirchen von Klöstern. Der Dom war ursprünglich das Wohnhaus von Geistlichen. Heute bezeichnen Münster und Dome besonders historische und prachtvolle Kirchen.

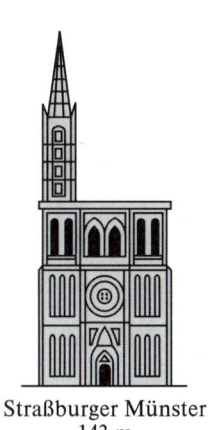

Straßburger Münster
143 m

Regensburger Dom
105 m

Kölner Dom
156 m

13 Das Straßburger Münster in Frankreich ist bekannt für seine farbenprächtigen Kirchenfenster. In dem unten abgebildeten ist eine Jahreszahl versteckt. Du findest sie, indem du alle Dreiecke gelb, alle Trapeze rot, alle Parallelogramme grün und alle Rechtecke blau anmalst.

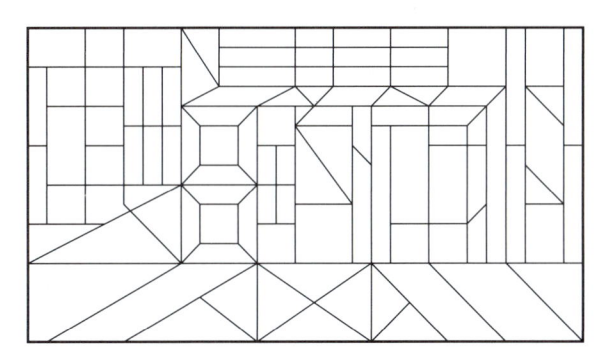

14 Die Abbildung stellt eine kleine Kirche in Süddeutschland dar.
a) Welche geometrischen Körper kannst du hier erkennen?

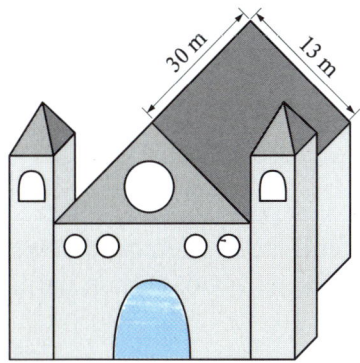

Folgende Körper sind zu erkennen: _____

b) Bei einer Kirchenrenovierung der abgebildeten Kirche muss das Hauptdach (ohne Türme) mit neuen Dachplatten gedeckt werden. Ein Quadratmeter Dachplatten kostet 55 €. Welche Materialkosten fallen für das Dach an?

15 Die folgende Zeichnung zeigt den Grundriss einer Kirche.

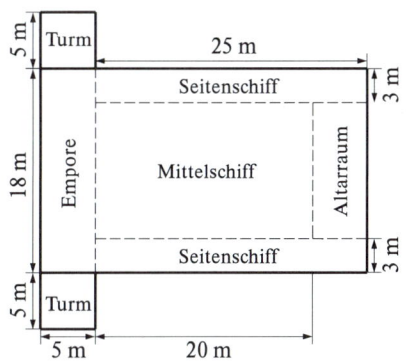

Berechne den Flächeninhalt und Umfang der einzelnen „Kirchenräume" und trage sie in die Tabelle ein.

Kirchenraum	u	A
Turm		
Seitenschiff		
Mittelschiff		
Empore		
Altarraum		

Geometrie: Grundbegriffe

TEST

Für jede richtig gelöste Aufgabe erhältst du 4 Punkte.

1 Ergänze die unten stehenden Sätze durch die folgenden „Lückenfüller":
einen Anfangspunkt; Strahl; keinen Anfangspunkt; Kleinbuchstaben; zwei Punkten; keinen Endpunkt; gerade Linien.

a) Geraden, Strecken und Halbgeraden sind

_____ . Man bezeichnet sie

oft mit _____ .

b) Eine Gerade hat _____

und _____ .

c) Eine Strecke wird von _____ begrenzt.

d) Eine Halbgerade wird auch _____

genannt. Sie hat _____

und _____ .

2 Welche der abgebildeten Geradenpaare sind senkrecht zueinander, welche sind parallel? Überprüfe mit dem Geodreieck und schreibe auf.

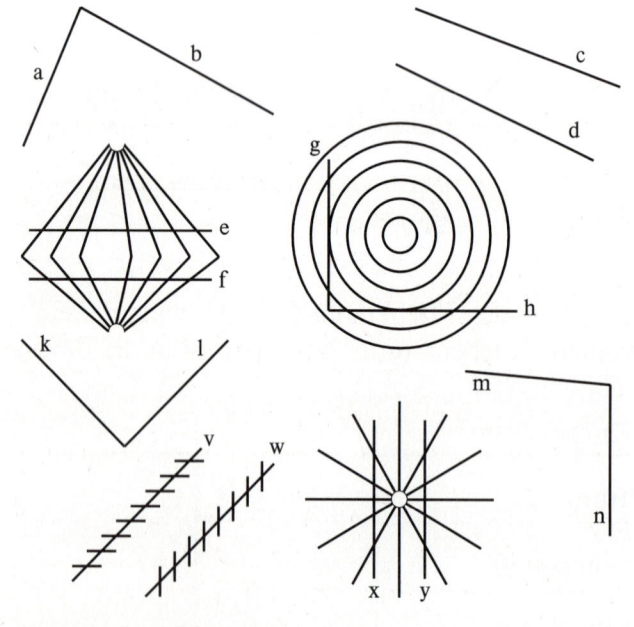

Senkrecht zueinander: _____

Parallel zueinander: _____

3 Ergänze folgende Abbildungen zu achsensymmetrischen Figuren.

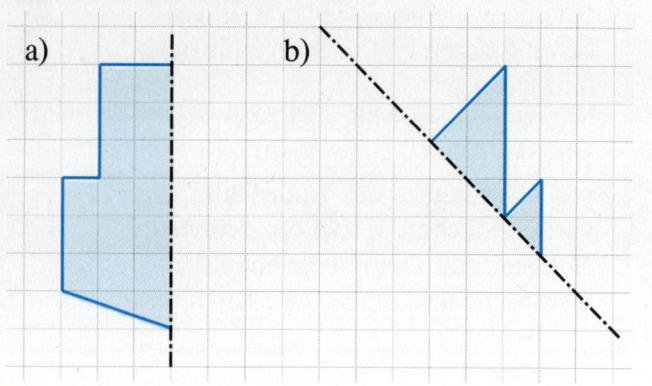

a)   b)

4 Miss die Seitenlängen und berechne den Flächeninhalt der farbigen Flächen.

a)   b)

5 Ein Würfel hat die Kantenlänge a = 3 cm.
a) Zeichne ein Schrägbild.

b) Die Würfelflächen sollen beklebt werden. Wie viel cm² Papier benötigt man dafür?

_____ cm²

Ermittle nun anhand der Lösungen auf Seite 78 deine erzielte Punktzahl.

52   *Geometrie: Grundbegriffe*

1 Größen, Rechnen mit Größen

Längen, Rechnen mit Längen

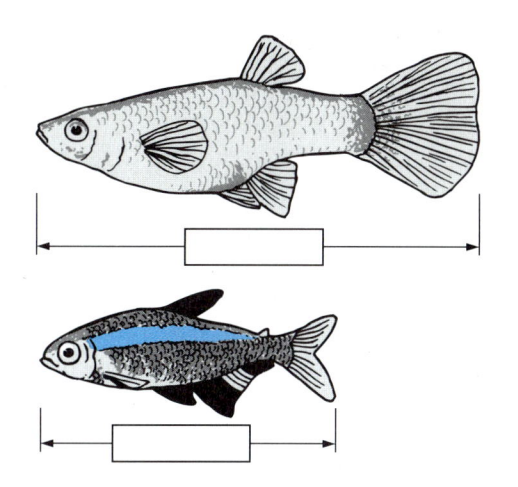

Eine 5. Klasse bekommt ein Aquarium für ihr Klassenzimmer geschenkt. In das Becken passen 70 Liter Wasser.
Über die Art und Anzahl der Fische muss sich die Klasse noch einig werden. David weist darauf hin, dass bei der Einrichtung eines Aquariums folgende Faustregel zu beachten ist:
Pro 1 cm Fischlänge benötigt man mindestens 1 Liter Wasser.
Die Klasse entscheidet sich vorerst für zwei Fischarten.

1. Miss die Länge der Fische und trage die Maße in die Zeichnungen ein.

2. Ein Teil der Klasse möchte gerne fünf Guppys kaufen.
a) Welche Gesamtlänge besitzen fünf von diesen Fischen?

b) Wie viel Liter Wasser benötigen die fünf Guppys mindestens?

c) Wie viel Liter Wasser stehen den Neonfischen noch zur Verfügung?

3. Anstelle eines Guppys können vier Zwergbärblinge in das Becken gesetzt werden. Welche Länge besitzt diese Fischart folglich?

---

m (Meter)
dm (Dezimeter)
cm (Zentimeter)
mm (Millimeter)

km (Kilometer)

Wichtige Längenmaße sind:

1 m = 10 dm
  1 dm = 10 cm
    1 cm = 10 mm

Als größere Einheit verwendet man km.
   1 km = 1 000 m

Längen sind Größen.
Beachte beim Rechnen mit Längen:
– Wandle, wenn nötig, zuerst in dieselbe Maßeinheit um.
– Rechne dann mit den Maßzahlen.

5 cm
Maßzahl — Maßeinheit

1 Ordne die passenden Längenangaben zu.

Länge des Tafellineals   15 cm
Höhe einer Zimmertür   7 dm
Breite der Wandtafel   1 m
Länge eines Bleistiftes   45 mm
Höhe einer Schulbank   2 m
Länge einer Nähnadel   4 m

2 Wandle in die angegebene Einheit um.

a) 50 mm   = _____ cm

b) 180 cm   = _____ dm

c) 260 cm   = _____ m

d) 46 000 m = _____ km

e) 6 000 m = _____ km

f) 319 dm   = _____ cm

g) 73 km   = _____ m

h) 89 m   = _____ cm

i) 5 410 km = _____ m

3 Ergänze die Tabelle.

Länge in gemischter Schreibweise	cm	mm	Länge in Kommaschreibweise
54 cm 8 mm	54	8	54,8 cm
7 cm 3 mm			
	400	6	
			18,7 cm
87 cm 2 mm			
		0	9

info

Bei Längenangaben treten oft Brüche auf. Präge dir folgende Umrechnungen ein.

$\frac{1}{4}$ m = 25 cm = 0,25 m

$\frac{1}{2}$ m = 50 cm = 0,50 m

$\frac{3}{4}$ m = 75 cm = 0,75 m

4 Färbe alle Kärtchen blau, deren Größenangaben mit der großen Karte übereinstimmen.

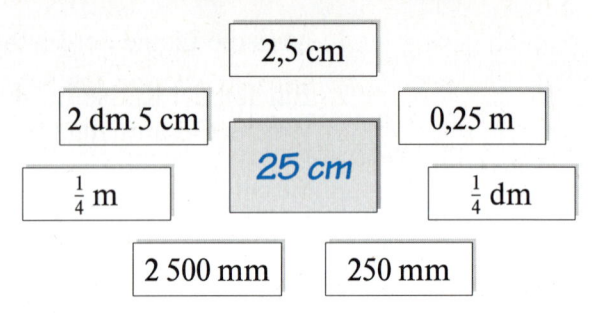

2,5 cm

2 dm 5 cm   0,25 m

$\frac{1}{4}$ m   **25 cm** $\frac{1}{4}$ dm

2 500 mm   250 mm

5 Setze <, = oder >.

a) 12 dm ☐ 112 cm   b) $\frac{3}{4}$ dm ☐ 75 cm

c) 8 080 m ☐ 8,800 km   d) 2 500 m ☐ $2\frac{1}{2}$ km

e) $4\frac{1}{4}$ m ☐ 4 m 25 cm   f) 3,303 km ☐ 3 033 m

6 Richtig oder falsch? Kreuze alle richtigen Aussagen an.

a) 78 m + 240 dm $\stackrel{?}{=}$ 102 m ☐

b) 93 cm − 3 dm $\stackrel{?}{=}$ 90 cm ☐

c) 54 m : 6 $\stackrel{?}{=}$ 900 cm ☐

d) 3 · 15 km $\stackrel{?}{=}$ 4 500 m ☐

e) 25 cm + 500 mm $\stackrel{?}{=}$ 75 cm ☐

f) 64 km + 7 534 m − 2 534 m $\stackrel{?}{=}$ 69 km ☐

g) 26 cm − 130 mm + 3 dm $\stackrel{?}{=}$ 43 cm ☐

zusätzliche Aufgaben

7 In welcher Längeneinheit gibt man an?
a) Entfernung Hamburg – Berlin   b) Länge eines Fingers
c) Durchmesser eines Bleistiftes   d) Höhe der „Zugspitze"

8 Ordne der Größe nach.
a) 8 000 m; 8,800 km; 7 km 500 m; $8\frac{1}{2}$ km
b) 750 cm; $\frac{3}{4}$ m; 7 dm 6 cm; 705 cm; 7,55 m
c) 5 cm 6 mm; $5\frac{1}{2}$ cm; 55 mm; 0,50 dm; 5,4 cm

9 Berechne.
a) 2 436 m + 876 dm   b) 77 km − 5 826 m
c) 78 200 cm − 333 m   d) 73 132 m + 3 456 km
e) 83 km + 643 km + 27 432 m   f) 930 657 m − 138 km + 659 km

10 Berechne.
a) 44 m · 16   b) 22 · 32 m   c) 11 m · 64
d) 61 542 km : 78   e) 160 965 m : 245 f) 456 m · 333

54 *Größen, Rechnen mit Größen*

11 Der höchste Berg der Erde ist der Mount Everest mit einer Höhe von 8 848 m. Der höchste Berg Deutschlands ist die Zugspitze. Sie ist 2 963 m hoch. Berechne den Höhenunterschied.

12 Julia unternimmt mit ihrer Jugendgruppe eine mehrtägige Fahrradtour. Am ersten Tag legen sie 32 km zurück, am zweiten Tag $45\frac{3}{4}$ km und am dritten Tag 38,250 km. Wie viel km sind sie insgesamt gefahren?

13 Gustav macht mit seinen Eltern eine Bergwanderung. Er will wissen, wie weit die nächste Felswand entfernt ist. Daher stößt er einen lauten Ruf aus. Mit einer Stoppuhr misst er die Zeit, die zwischen seinem Rufen und dem anschließenden Echo vergeht. Die Uhr zeigt 4 Sekunden an. Wie weit ist die Felswand entfernt?
Hinweis: Der Schall legt in der Luft etwa 330 m pro Sekunde zurück.

14 Elefanten legen im Durchschnitt 5 km pro Stunde zurück. Um ihren hohen Nahrungsbedarf zu decken, müssen sie in freier Wildbahn täglich 20 km auf Futtersuche gehen. Wie viele Stunden benötigen sie dafür?

15 Der Maßstab
1 : 400 000
bedeutet:

1 cm
auf der Karte

entspricht

400 000 cm
= 4 km
in der Natur

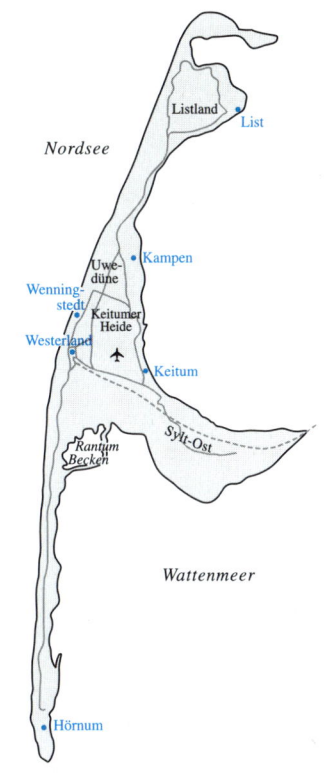

Miss die Entfernungen zwischen den angegebenen Orten auf der Karte und gib diese in der Natur an.

Hörnum – Westerland

Karte: _____ cm   Natur: _____ km

Westerland – Wenningstedt

Karte: _____ cm   Natur: _____ km

Wenningstedt – List

Karte: _____ cm   Natur: _____ km

Westerland – Kampen

Karte: _____ cm   Natur: _____ km

Kampen – Keitum

Karte: _____ cm   Natur: _____ km

Größen, Rechnen mit Größen

2 Flächeninhalte, Rechnen mit Flächeninhalten

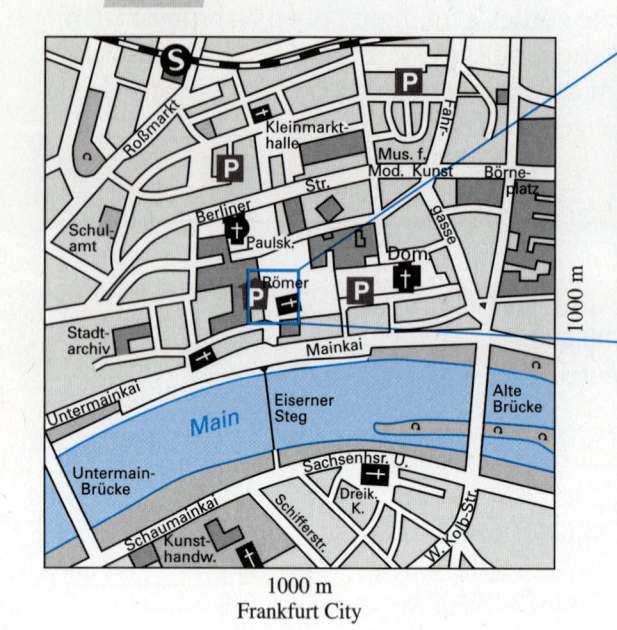

Die Abbildungen zeigen Ausschnitte aus dem Stadtplan der Innenstadt von Frankfurt am Main. Die rechts stehenden Kartenausschnitte wurden jeweils dem vorhergehenden Flächenstück entnommen und vergrößert dargestellt. Hierbei handelt es sich um quadratische Flächenstücke mit unterschiedlicher Seitenlänge.

1. Ergänze die fehlenden Werte.

Bereich	Seitenlänge des Quadrates	Flächeninhalt		Wie viel m² sind das?
Frankfurt City		1 Quadratkilometer	1 km²	
Römerplatz		1 Hektar	1 ha	10 000 m²
Römer		1 Ar	1 a	

2. Rechne um.

   1 a = ☐ m²   1 ha = ☐ a   1 km² = ☐ ha

---

km² (Quadratkilometer)
ha (Hektar)
a (Ar)
m² (Quadratmeter)
dm² (Quadratdezimeter)
cm² (Quadratzentimeter)
mm² (Quadratmillimeter)

Wichtige Flächenmaße sind:
 1 km² = 100 ha
 1 ha = 100 a
 1 a = 100 m²
 1 m² = 100 dm²
 1 dm² = 100 cm²
 1 cm² = 100 mm².

Die **Umrechnungszahl** zwischen benachbarten Flächenmaßen ist **100**.

Flächeninhalte sind Größen. Beachte beim Rechnen mit Flächeninhalten:
— Wandle, wenn nötig, zuerst in dieselbe Maßeinheit um.
— Rechne dann mit den Maßzahlen.

  5 m²
Maßzahl ⌐ ⌐ Maßeinheit

1 Ordne die passenden Flächeninhalte zu.

Fußballfeld	891 km²
Tischtennisplatte	6 dm²
Buchseite	1 ha
Briefmarke	4 m²
Bundesland Berlin	400 mm²

2 Wandle um.

a)
400 mm² = ____ cm²
400 cm² = ____ dm²
400 dm² = ____ m²

b)
9 cm² = _____ mm²
9 dm² = _____ mm²
9 m² = _____ mm²

c)
700 m² = ____ a
7 000 a = ____ ha
70 000 ha = ____ km²

d)
100 a = _____ m²
10 ha = _____ m²
1 km² = _____ m²

3 Wandle in Quadratmeter um. Wenn du alle Größen addierst, erhältst du einen Flächeninhalt von 10 ha.

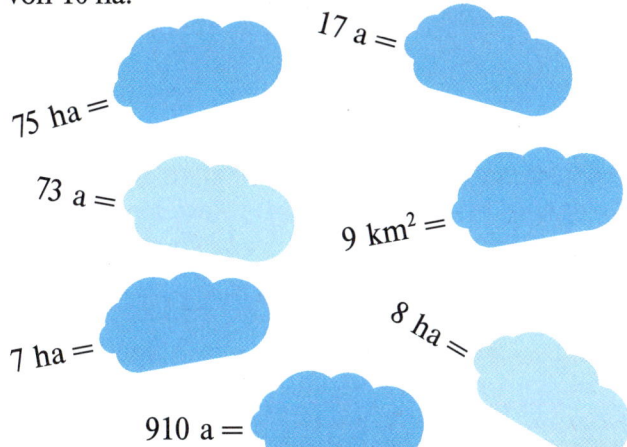

17 a =
75 ha =
73 a =
9 km² =
7 ha =
8 ha =
910 a =

4 Rechne in die angegebenen Maßeinheiten um.

a) 44 ha = _____ a = _____ m²

b) 5 dm² = _____ cm² = _____ mm²

c) 120 km² = _____ ha = _____ a

d) 2 600 000 ha = _____ m²

e) 480 000 000 km² = _____ a

f) 522 000 000 cm² = _____ ha

5 Ordne der Größe nach. Wandle um, falls nötig.

a) 6 050 cm²; 65 dm²; 5 600 cm²

☐ > ☐ > ☐

b) 400 500 a; 4 050 ha; 45 km²

☐ > ☐ > ☐

6 Ergänze die fehlenden Maßzahlen. Rechne im Kopf.

a) 53 cm² − 200 mm² = _____ mm²

b) 4 ha + _____ a = 30 ha

c) 35 cm² + 5 dm² + _____ cm² = 600 cm²

d) 50 000 a − _____ ha = 2 km²

e) 2 dm² + _____ cm² + 4 500 mm² = 300 cm²

f) 2 500 ha + 2 km² − 10 000 a = _____ km²

zusätzliche Aufgaben

7 Mit welchen Flächeneinheiten misst man folgende Flächeninhalte?
a) Kinderzimmer b) Postkarte c) Tennisplatz
d) Filmnegative e) Erdoberfläche f) Foto

8 Wandle in die angegebenen Flächeninhalte um.
a) **in cm²**: 9 dm²; 78 dm²; 300 mm²; 4 dm² 44 cm²
b) **in dm²**: 3 m²; 2 300 cm²; 33 m²; 12 m² 18 dm²
c) **in m²**: 7 a; 1 800 cm²; 52 ha; 8 ha 34 a
d) **in a**: 3 ha; 68 000 m²; 12 ha; 14 ha 67 a
e) **in ha**: 5 km²; 1 400 a; 600 000 m²; 5 km² 300 a
f) **in km²**: 200 ha; 54 Mio. a; 3 Mrd. m²; 34 km² 500 ha

9 Berechne.
a) 14 m² + 170 dm²
b) 33 cm² − 1 579 mm²
c) 111 km² + 13 452 ha
d) 666 a − 34 678 km²
e) 345 dm² + 676 cm² − 9 800 mm²
f) 9 km² − 67 000 a − 58 ha

10 Berechne.
a) 34 m² · 17
b) 1 064 cm² : 28
c) 611 mm² · 39
d) 8 214 km² : 111
e) 22 · 456 ha
f) 16 912 a : 56
g) 455 cm² · 4 322
h) 10 620 dm² : 236 dm²
i) 3 400 a · 679
j) 20 010 ha : 345 ha

Größen, Rechnen mit Größen

11 Aufgrund steigender Nachfrage beschließt eine Gemeinde ihre Bahn zum Inlineskating zu vergrößern. Die Bahn soll von 620 m² auf 11 a erweitert werden.
a) Um wie viel m² wird die Anlage vergrößert?

b) Auf einer Fläche von 3 a werden drei Halfpipes aufgestellt. Für zwei neue Rampen werden 120 m² benötigt. 70 m² sind für eine Schleuse vorgesehen. Berechne die Restfläche.

12 Eine 5. Klasse legt im Biologieunterricht einen Schulgarten an. Jeweils drei Schüler sind verantwortlich für ein 4 m² großes Beet. Die Klasse besteht aus 27 Schülern. Welche Gesamtfläche betreut die Klasse?

13 Die Erdoberfläche besteht aus sieben Kontinenten.

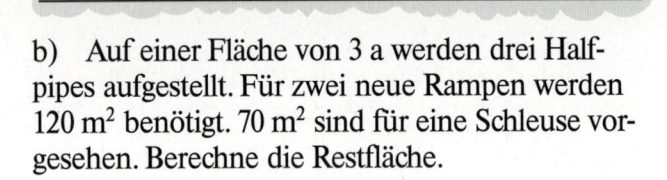

Kontinent	Fläche
Afrika	30 273 000 km²
Antarktis	13 200 000 km²
Asien	44 699 000 km²
Australien	8 937 000 km²
Europa	9 839 000 km²
Nordamerika	24 219 000 km²
Südamerika	17 836 000 km²

a) Berechne den Flächenunterschied zwischen dem kleinsten und dem größten Kontinent.

b) Die gesamte Erdoberfläche beträgt 510 Mio. km². Welche Fläche nehmen die Ozeane ein? Rechne geschickt. Denke an sinnvolles Runden.

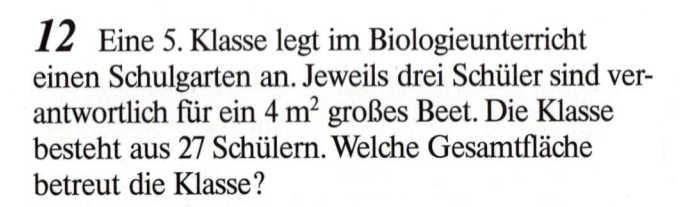

c) Die Antarktis besteht fast nur aus Eis- und Gletscherfläche. Wie viele Eishockeyfelder mit einem Flächeninhalt von 15 a sind so groß wie die Antarktis?

zusätzliche Aufgaben

14 Die Bundesrepublik Deutschland besteht aus 16 Bundesländern. Das größte Bundesland ist Bayern mit einer Fläche von 70 548 km². Bremen ist mit 40 400 ha das kleinste Bundesland. Berechne den Flächenunterschied.

15 Ein Schulhof muss nach den Richtlinien für jedes Kind genügend Platz bieten. Pro Schüler wird eine Fläche von mindestens 5 m² empfohlen. Der Schulhof der Schillerschule hat eine Fläche von 13 a. Wie vielen Kindern bietet dieser genügend Platz?

16 Ein Kinderspielplatz mit einer Gesamtfläche von 3 a und 50 m² wird neu gestaltet. Für die Spielanlagen wie Kletterstange, Rutsche, Sandkasten und Schaukeln wird insgesamt eine Fläche von 2 a und 40 m² benötigt. Wie viel Platz bleibt noch zum Herumtoben?

17 Ein 5-stöckiges Parkhaus hat pro Etage eine Fläche von 12 a. Davon sind 60 m² für Zufahrts- und Gehwege und jeweils 14 m² für eine Autostellfläche vorgesehen. Berechne die Anzahl der Stellflächen im gesamten Parkhaus.

Größen, Rechnen mit Größen

3 Gewichte, Rechnen mit Gewichten

Tina hat in der Zeitung folgenden Artikel gelesen:

> **Schulranzen zu schwer?**
>
> Nach Angaben von Medizinern sollte ein gefüllter Schulranzen nicht mehr als den 10. Teil des Körpergewichts wiegen. Demnach sollte ein Schüler mit einem Körpergewicht von 30 kg nicht mehr als 3 kg auf seinem Rücken tragen. Ein zu schwerer Schulranzen belastet die Wirbelsäule und kann zu späteren Haltungsschäden führen.

1. Tina wiegt 40 kg. Wie schwer darf ihr gefüllter Schulranzen höchstens sein?

   _____

2. Tina möchte herausfinden, ob ihr Schulranzen zu schwer ist. Daher wiegt sie die Schulsachen, die sie für den nächsten Tag benötigt.
   Berechne das Gesamtgewicht von Tinas Schulsachen.

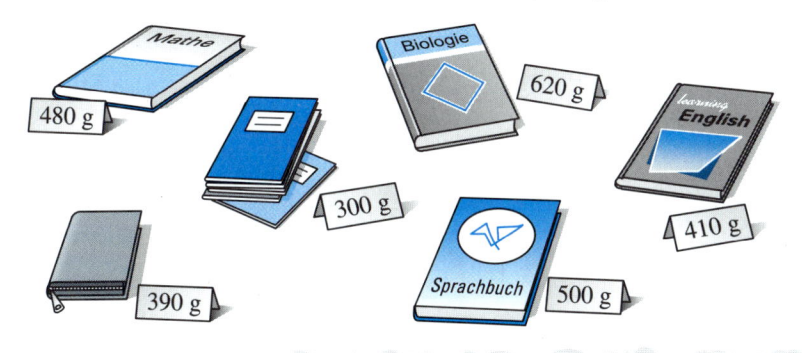

   Mathe: 480 g
   Heft: 300 g
   Biologie: 620 g
   English: 410 g
   Sprachbuch: 500 g
   Mäppchen: 390 g

   _____

3. Tina möchte den Rat der Ärzte befolgen. Ihr leerer Schulranzen wiegt 1 kg. Kann Tina alle notwendigen Schulsachen mitnehmen ohne dass der Ranzen zu schwer wird? Begründe deine Meinung.

   _____

---

t (Tonne)
kg (Kilogramm)
g (Gramm)

Wichtige Gewichtsmaße sind:

$$1 \text{ t} = 1000 \text{ kg}$$
$$1 \text{ kg} = 1000 \text{ g}$$

Die **Umrechnungszahl** zwischen Gramm und Kilogramm beziehungsweise zwischen Kilogramm und Tonne ist **1000**.

Gewichte sind Größen. Beachte beim Rechnen mit Gewichten:
- Wandle, wenn nötig, zuerst in dieselbe Maßeinheit um.
- Rechne dann mit den Maßzahlen.

  5 kg
Maßzahl ⏋ ⏌ Maßeinheit

Größen, Rechnen mit Größen

1 Ordne richtig zu. Trage den farbigen Buchstaben in das dazugehörige Kästchen ein. Lies von oben nach unten.

Fah**r**rad	3 g	
Disc**m**an	4 kg	
In**l**ineskater	350 g	
Mä**p**pchen	40 kg	
Tischtennisba**l**l	900 g	

2 Ergänze die Werte in der Tabelle.

Gewicht in gemischter Schreibweise	kg	g	Gewicht in Kommaschreibweise
8 kg 500 g	8	500	8,500 kg
15 kg 432 g			
	0	880	
			40,078 kg

3 Setze <, = oder > ein.
a) 300 g ☐ 3 kg   b) 7 007 kg ☐ 7 t
c) 1 kg 500 g ☐ 1 500 g   d) 4 500 g ☐ 4 kg 50 g
e) 63 t ☐ 6 300 kg   f) 9 kg 9 g ☐ 9,900 kg

> **info** Bei Gewichtsangaben treten oft Brüche auf. Präge dir folgende Umrechnungen ein.
>
> $\frac{1}{4}$ kg = 250 g = 0,250 kg
> $\frac{1}{2}$ kg = 500 g = 0,500 kg
> $\frac{3}{4}$ kg = 750 g = 0,750 kg

4 Wandle jeweils in g um.
a) $\frac{3}{4}$ kg = ____   b) $8\frac{1}{2}$ kg = ____
c) 4,675 kg = ____   d) 6 kg 50 g = ____
e) 0,006 t = ____   f) 0,450 g = ____
g) $9\frac{1}{4}$ kg = ____   h) 5 kg = ____

Trage die Ergebnisse in die Waage ein. Addiere sie auf jeder Seite. Wenn du richtig gerechnet hast, sind beide Seiten der Waage im Gleichgewicht.

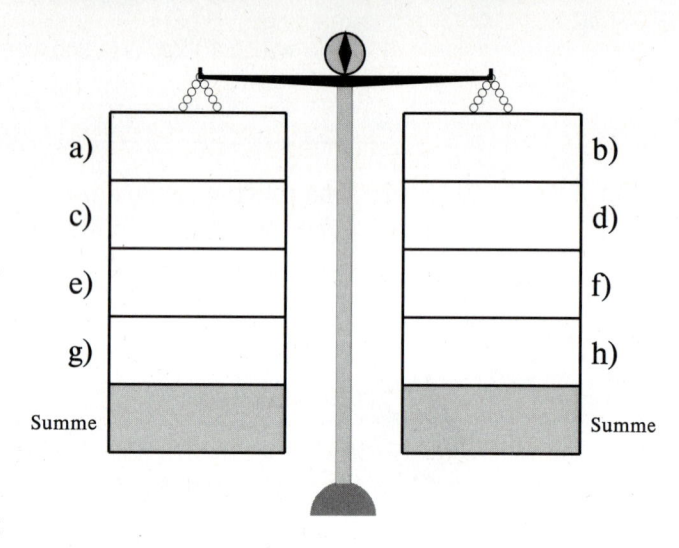

5 Richtig oder falsch? Kreuze alle richtigen Aussagen an.
a) 1 400 t : 70 $\stackrel{?}{=}$ 200 000 kg
b) 99 kg − 15 000 g $\stackrel{?}{=}$ 84 kg
c) 5 · 12 kg $\stackrel{?}{=}$ 6 000 g
d) 60 t : 15 $\stackrel{?}{=}$ 4 000 kg
e) $2\frac{3}{4}$ kg + 500 g $\stackrel{?}{=}$ 3 kg 250 g
f) 6 500 g − $1\frac{1}{4}$ kg $\stackrel{?}{=}$ 5 kg
g) 65 g + $\frac{1}{2}$ kg $\stackrel{?}{=}$ 700 g
h) 6 · 750 g $\stackrel{?}{=}$ $6\frac{3}{4}$ kg

zusätzliche Aufgaben

6 In welcher Einheit gibt man das Gewicht an?
a) von Flugzeugen   b) von Menschen   c) von Schokolade
d) von Briefen   e) von Fahrrädern   f) von Elefanten

7 Wandle um.
a) **in g**: 7 kg; 0,500 kg; $3\frac{3}{4}$ kg; 70 kg 25 g
b) **in kg**: 9 000 g; 7 t; $8\frac{1}{2}$ t; 6 t 500 g
c) **in t**: 3 000 kg; 800 kg; 6 kg; 9 t 500 kg
d) **in kg**: 7 g; 100 t 3 kg; 0,101 t; 66 666 g.

8 Ordne der Größe nach.
a) 2 400 g; 2 kg 700 g; $2\frac{1}{4}$ kg   b) 705 kg; $\frac{3}{4}$ t; 7 kg 500 g; 7,600 kg
c) $1\frac{1}{2}$ t; 1 550 kg; 1 t 400 kg   d) 8,750 kg; 0,008 t; 8 kg 705 g

9 Berechne.
a) 367 kg + 9 950 g   b) 12 500 kg + 23 t + 45 622 kg
  54 t − 7 865 kg   678 kg − 24 645 g − 5 607 g
  364 t · 34   324 g · 411
  8 246 kg : 14   488,750 t : 25

60   Größen, Rechnen mit Größen

10 Eine Elefantenfamilie soll in einen anderen Zoo verlegt werden. Für den Transport steht ein Lkw mit einem zulässigen Gesamtgewicht (Fahrzeug und Ladung) von 15 t 800 kg zur Verfügung. Die Elefanten werden daher zuvor gewogen: Das Elefantenbaby wiegt 140 kg, die Elefantenmutter 6 t 280 kg und der Elefantenvater 6,570 t.

a) Berechne das Gewicht der Elefantenfamilie.

b) Der Lkw wiegt $2\frac{1}{2}$ t. Darf die Elefantenfamilie zusammen transportiert werden?

11 Mike lädt zu seinem 11. Geburtstag acht Kinder ein. Zum Abendessen wünscht er sich Spaghetti mit Tomatensoße. Pro Kind rechnet seine Mutter mit 75 g Nudeln. Wie viel Päckchen Spaghetti zu 150 g muss Mikes Mutter für den Geburtstag kaufen?

12 Judokämpfer werden in Gewichtsklassen eingeteilt. Vor den Wettkämpfen müssen sie sich einer Gewichtskontrolle unterziehen, da nur Sportler aus der gleichen Gewichtsklasse gegeneinander antreten dürfen. Vor einem Judokampf wurden unter anderem folgende Gewichte ermittelt:

51 kg 300 g; 72 kg; $95\frac{1}{4}$ kg; 80,800 kg; 63,780 kg; 87 kg; 67 kg 450 g; $77\frac{3}{4}$ kg; $65\frac{1}{4}$ kg; 88,360 kg; $53\frac{1}{2}$ kg; 69,990 kg; 73 kg 560 g; 61 kg; $85\frac{1}{2}$ kg.

a) Ordne die Gewichte den entsprechenden Gewichtsklassen zu.

Gewichtsklasse	Gewichte der Sportler
Bantamgewicht bis 56 kg:	
Federgewicht bis 61 kg:	
Leichtgewicht bis 66 kg:	
Weltergewicht bis 72 kg:	
Mittelgewicht bis 79 kg:	
Halbschwergewicht bis 87 kg:	
Schwergewicht über 87 kg:	

b) Bei dem Schwergewichtler Toni zeigt die Waage 91,750 kg an. Er möchte in Zukunft in der Klasse der Halbschwergewichte antreten. Wie viel kg muss er mindestens abnehmen?
Rechne im Kopf.

zusätzliche Aufgaben

13 Lena kauft ein: 1 kg Brot; 150 g Schinken; 250 g Butter; 2,500 kg Kartoffeln und $\frac{3}{4}$ kg Äpfel. Der leere Korb wiegt 600 g. Welches Gewicht muss sie nach Hause tragen?

14 Ein Elefant frisst täglich etwa 150 kg Heu. Berechne, wie lange ein Heuvorrat von $4\frac{1}{2}$ t reicht.

15 Das Grundnahrungsmittel der Chinesen ist Reis. Im Durchschnitt isst jeder Chinese am Tag 150 g Reis. Wie viel kg Reis isst ein Chinese in einem Jahr (365 Tage)?

16 Eva und Sven wiegen zusammen 80 kg. Sven ist 8 kg schwerer als Eva. Berechne das Gewicht von Eva.

Größen, Rechnen mit Größen

4 Zeitspannen, Rechnen mit Zeitspannen

Berlin, die Hauptstadt Deutschlands, hat eine bewegte Geschichte. Das Brandenburger Tor mit seinem Viergespann gilt als Wahrzeichen der Stadt. Hier feierten am 9. 11. 1989 Tausende von Menschen den Fall der Mauer.
Berlin wird von sehr vielen Touristen besucht. Auch für Schulklassen ist die Stadt ein beliebtes Reiseziel.

Eine Klasse aus Karlsruhe plant eine mehrtägige Klassenfahrt nach Berlin und hat beschlossen, mit dem Zug zu reisen. Bei der Deutschen Bahn haben sich die Schüler nach einer günstigen Reiseverbindung erkundigt.

Reiseverbindung Deutsche Bahn DB

VON: *Karlsruhe Hbf*
NACH: *Berlin Hbf Zoo*

BAHNHOF/HALTESTELLE	UHR
Karlsruhe Hbf	ab 09:13
Mannheim Hbf	an 09:52
Mannheim Hbf	ab 10:07
Berlin Hbf Zoo	an 15:04

Zeitangaben werden mit Punkt oder Doppelpunkt zwischen Stunden und Minuten geschrieben:
9:15 Uhr
oder
9.15 Uhr.

1. Lies aus dem Plan die Abfahrtszeit in Karlsruhe und die Ankunftszeit in Berlin ab und notiere sie.

   Zeitpunkt der Abfahrt: _____   Zeitpunkt der Ankunft: _____

2. Die Schülerinnen und Schüler treffen sich um 8.45 Uhr in der Bahnhofshalle. Wie viel Zeit haben sie noch bis zur Abfahrt des Zuges?

3. In Mannheim muss die Klasse umsteigen. Wie lange hat sie dort Aufenthalt?

Zeitspannen werden mit folgenden Zeitmaßen gemessen:
1 Tag (d)
= 24 Stunden (h)

1 Stunde (h)
= 60 Minuten (min)

1 Minute (min)
= 60 Sekunden (s).

4. Berechne die Dauer der Reisezeit (Zeitspanne) von der Abfahrt in Karlsruhe bis zur Ankunft in Berlin.

Zeitspannen sind Größen.

9 min
Maßzahl — Maßeinheit

Zeitspannen sind durch zwei Zeitpunkte festgelegt und können in folgenden Schritten berechnet werden:

9.13 Uhr —— ? —— 15.04 Uhr

9.13 Uhr —47 min→ 10.00 Uhr —5 h→ 15.00 Uhr —4 min→ 15.04 Uhr

9.13 Uhr —5 h 51 min→ 15.04 Uhr

Größen, Rechnen mit Größen

1 Rechne um.

a) 3 h = ___ min   b) 2 h 15 min = ___ min

   5 min = ___ s   1 d 8 h = ___ h

   120 min = ___ h   4 min 10 s = ___ s

   480 min = ___ h   80 s = ___ min ___ s

   2 d = ___ h   90 min = ___ h ___ min

2 Beachte bei folgenden Umrechnungen:
$\frac{1}{2}$ entspricht der Hälfte, $\frac{1}{4}$ entspricht dem vierten Teil.

a) $\frac{1}{2}$ h = ___ min   b) $1\frac{1}{2}$ h = ___ min

   $\frac{1}{4}$ h = ___ min $1\frac{1}{2}$ min = ___ s

   $\frac{1}{2}$ min = ___ s $\frac{3}{4}$ h = ___ min

   $\frac{1}{2}$ d = ___ h $1\frac{3}{4}$ h = ___ min

3 Trage die passende Zeiteinheit ein.
Man misst
die Länge eines Schultages in _____ ,

die Dauer eines Lebens in _____ ,

die Halbzeit eines Fußballspiels in _____ ,

den Countdown beim Start einer Rakete in

_____ .

4 Ordne die Zeitspannen nach der Größe.

a) 1 Tag; 26 h; 1 200 min

   ☐ < ☐ < ☐

b) $1\frac{1}{2}$ min; 100 s; 1 min 50 s

   ☐ < ☐ < ☐

c) 75 min; $1\frac{1}{2}$ h; 1 h 5 min

   ☐ < ☐ < ☐

5 Bestimme die Zeitspannen. Rechne im Kopf und trage ein.

a) 9.10 Uhr ──☐── 9.57 Uhr

b) 16.15 Uhr ──☐── 16.43 Uhr

c) 18.19 Uhr ──☐── 18.51 Uhr

d) 20.05 Uhr ──☐── 21.45 Uhr

e) 17.55 Uhr ──☐── 18.25 Uhr

6 Bestimme die Zeitspannen.

a)   7.35 Uhr ──?── 8.53 Uhr

   7.35 Uhr ──☐── 8.00 Uhr ──☐── 8.53 Uhr

   7.35 Uhr ──☐── 8.53 Uhr

b)   *10.24 Uhr ──?── 17.44 Uhr*

7 Tina war von 14.45 Uhr bis 16.17 Uhr im Internet. Wie lange ist sie gesurft?

---

zusätzliche Aufgaben

8 a) Wie viele Sekunden hat eine Stunde?
b) Wie viele Minuten hat ein Tag?

9 a) Ein Fernsehfilm beginnt um 19.25 Uhr und endet um 20.15 Uhr. Wie viele Minuten dauert der Film?
b) Benjamin sieht im Fernsehen eine Sportübertragung an, die von 15.25 Uhr bis 18.00 Uhr läuft. Berechne die Zeitdauer der Übertragung.

10 a) Ein Flugzeug startet in Frankfurt um 7.28 Uhr und landet auf der Insel Kreta um 9.55 Uhr. Wie lange dauert der Flug?
b) Berechne die Flugzeit eines Nahverkehrsflugzeuges, das um 22.25 Uhr in Paris startet und um 0.08 Uhr in Madrid landet.

11 Bestimme die jeweilige Zeitdauer.

Abfahrt	8.25 Uhr	16.20 Uhr	19.08 Uhr
Ankunft	9.17 Uhr	18.14 Uhr	22.00 Uhr

Größen, Rechnen mit Größen

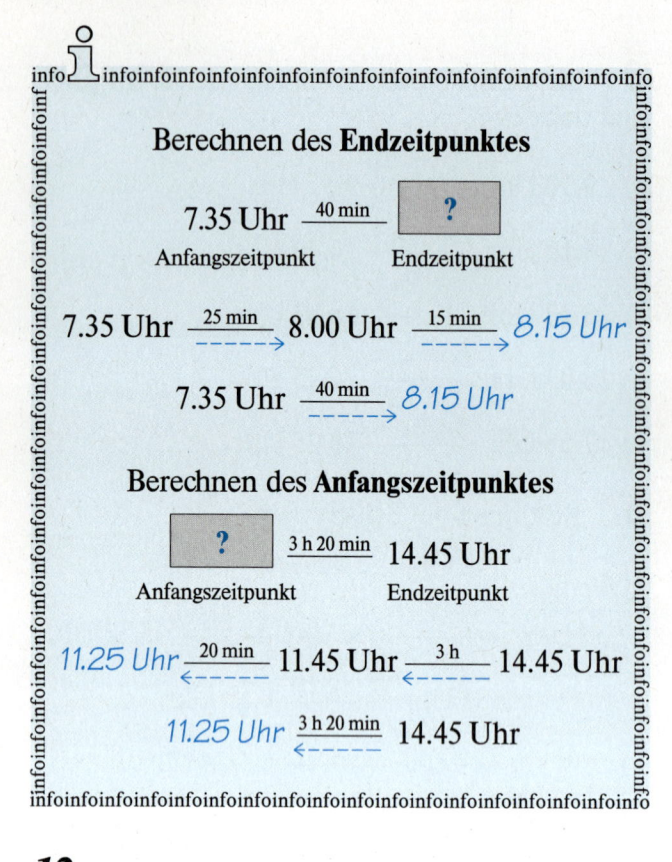

> **Berechnen des Endzeitpunktes**
>
> 7.35 Uhr —40 min→ ?
> Anfangszeitpunkt   Endzeitpunkt
>
> 7.35 Uhr —25 min→ 8.00 Uhr —15 min→ 8.15 Uhr
>
> 7.35 Uhr —40 min→ 8.15 Uhr
>
> **Berechnen des Anfangszeitpunktes**
>
> ? —3 h 20 min→ 14.45 Uhr
> Anfangszeitpunkt   Endzeitpunkt
>
> 11.25 Uhr ←20 min— 11.45 Uhr ←3 h— 14.45 Uhr
>
> 11.25 Uhr ←3 h 20 min— 14.45 Uhr

13 Rechne im Kopf. Vergleiche mit den angegebenen Zeiten. Wenn du die Ankunftszeiten richtig zuordnest, ergeben die Buchstaben von unten nach oben gelesen ein Lösungswort.

Abfahrt	Fahrtdauer	Ankunft
16.30 Uhr	3 h 10 min	
17.15 Uhr	1 h 20 min	
16.05 Uhr	45 min	
15.15 Uhr	2 h 25 min	
17.40 Uhr	4 h 20 min	
18.10 Uhr	2 h 30 min	

Ankunftszeiten:
22.00 Uhr (E); 16.50 Uhr (I); 16.40 Uhr (N);
17.35 Uhr (E); 20.40 Uhr (F); 17.40 Uhr (R).

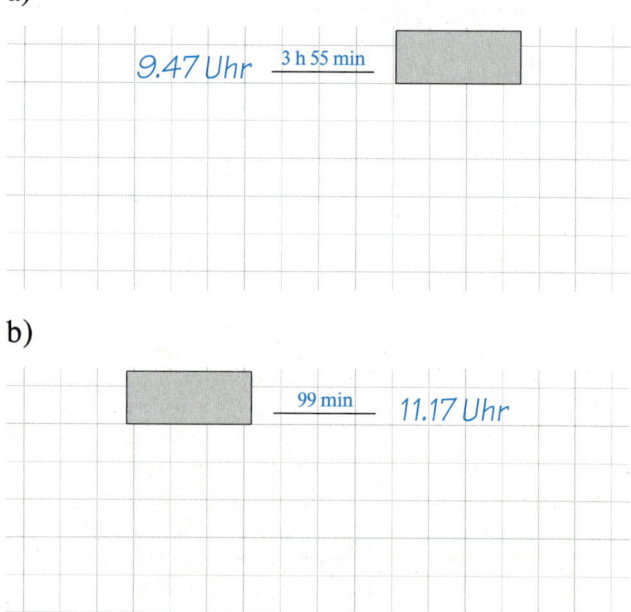

12 Rechne im Kopf.

Anfangszeitpunkt		Endzeitpunkt
a) 8.35 Uhr	17 min	
b) 21.16 Uhr	2 h	
c)	30 min	19.44 Uhr
d)	25 min	6.10 Uhr
e) 9.30 Uhr	1 h 25 min	
f) 3.12 Uhr	$\frac{1}{4}$ h	
g)	$1\frac{1}{2}$ h	10.45 Uhr
h) 23.45 Uhr	$1\frac{1}{4}$ h	

14 Berechne Anfangs- bzw. Endzeitpunkt.

a) 9.47 Uhr —3 h 55 min→

b) —99 min→ 11.17 Uhr

zusätzliche Aufgaben

15 Übertrage die Tabelle in dein Heft und ergänze sie.

Abflug	Flugdauer	Landung
7.00 Uhr	4 h 30 min	
10.30 Uhr	90 min	
11.10 Uhr		13.45 Uhr
15.30 Uhr		18.20 Uhr
	2 h 35 min	7.35 Uhr

16 Susi besucht ihre Großmutter in Köln. Sie fährt um 10.55 Uhr mit dem Zug ab. Die Fahrt dauert 2 Stunden und 10 Minuten. Wann kommt Susi in Köln an?

17 Ein Flugzeug benötigt von Frankfurt bis Rom eine Flugzeit von 1 h 21 min. Es landet um 12.17 Uhr. Wann ist es gestartet?

18 In einer Schule wird nachmittags eine Hausaufgabenbetreuung angeboten. Sie dauert $1\frac{1}{2}$ h und beginnt um 14.15 Uhr. Wann endet die Hausaufgabenbetreuung?

19 Franks Schulbus fährt um 7.15 Uhr ab. Bis zur Bushaltestelle braucht er 12 Minuten. Frank will 5 Minuten vor der Abfahrt an der Haltestelle sein. Wann muss er spätestens daheim losgehen?

Größen, Rechnen mit Größen

20 In Norwegen geht an einem Sommertag die Sonne erst um 23.15 Uhr unter und bereits um 0.35 Uhr des nächsten Tages wieder auf. Berechne die Zeit, in der die Sonne zu sehen ist.

21 Edgar notiert den Stundenplan seiner Klasse für Mittwoch.

1. Stunde	7.45 – 8.30 Uhr	Biologie
2. Stunde	8.35 – 9.20 Uhr	Englisch
	9.20 – 9.35 Uhr	große Pause
3. Stunde	9.35 – 10.20 Uhr	Mathematik
4. Stunde	10.25 – 11.10 Uhr	Mathematik
	11.10 – 11.20 Uhr	kleine Pause
5. Stunde	11.20 – 12.05 Uhr	Sport
6. Stunde	12.10 – 12.55 Uhr	Sport

a) Wie lange dauert die reine Unterrichtszeit? Gib in Stunden und Minuten an.

b) Wie lang ist die gesamte Pausenzeit? Rechne im Kopf.

22 Nina ist Beatles-Fan. Sie hat auf einer Minidisc nur noch 14 min Spielzeit zur Verfügung und möchte diese möglichst gut ausnutzen. Welche der Beatles-Lieder kann sie noch aufnehmen?
Beachte: Die Zeitangabe 3:40 bedeutet 3 min 40 s.

```
Hey Jude  7:20    Lady Madonna 1:45    Help  5:45
Michelle  2:20    Let It Be    4:14
```

23 Für einen Staffellauf brauchen die Läufer insgesamt 375 s. Gib diese Zeitspanne in Minuten und Sekunden an. Rechne im Kopf.

24 Lars möchte zwei Filme auf eine Videokassette aufnehmen. Die Kassette hat eine Laufzeit von 240 min. Der erste Film dauert 2 h 45 min, der zweite $1\frac{1}{2}$ Stunden. Passen beide Filme auf die Kassette?

zusätzliche Aufgaben

25 Elefanten sind die größten Säugetiere an Land. Sie brauchen täglich bis zu 150 kg Pflanzennahrung. Um diese große Menge aufnehmen zu können, müssen sie täglich 17 bis 19 Stunden fressen. Wie viel Zeit bleibt den Elefanten für andere Dinge?

26 Welche der folgenden Aussagen ist nicht immer richtig? Begründe deine Entscheidung.
a) Eine Woche hat sieben Tage.　b) Ein Monat hat 30 Tage.
c) Ein Jahr hat 365 Tage.　d) Ein Jahr hat 12 Monate.

27 Martinas Mutter arbeitet täglich von 8.30 Uhr bis 12.00 Uhr und von 13.00 Uhr bis 17.00 Uhr. Berechne die tägliche Arbeitszeit.

28 Peter und Petra machen eine große Wanderung. Sie sind von 9.00 Uhr bis 17.45 Uhr unterwegs. Um die Mittagszeit legen sie eine Pause von $1\frac{1}{2}$ Stunden ein. Berechne die reine Wanderzeit.

29 Für einen Marathonlauf (ca. 42 km) benötigt ein Läufer 149 min. Gib diese Zeitspanne in Stunden und Minuten an.

Größen, Rechnen mit Größen

5 Geld, Rechnen mit Geld

Deutschland und zehn weitere europäische Länder haben am 1. 1. 1999 eine gemeinsame Währung eingeführt: den **Euro**. Vor der Ausgabe der neuen Münzen und Scheine im Jahr 2002, war es bei Reisen in diese Länder notwendig, sich die jeweilige Landeswährung zu besorgen. So zahlte man z. B. in Frankreich mit Franc, in den Niederlande mit Gulden, in Italien mit Lire und in Österreich mit Schilling. Die neue Währung bringt nicht nur für Reisende große Vorteile, sie erleichtert auch den Handel zwischen den Ländern Europas.
Auf den Abbildungen kannst du erkennen, mit welchen Scheinen und Münzen in den Euro-Staaten bezahlt werden kann.

1. Maximilian möchte einen Experimentierkasten zu 75,55 € kaufen. Mit welchen Scheinen und Münzen kann er bezahlen? Gib zwei Möglichkeiten an.

   a) 1. Möglichkeit

   b) 2. Möglichkeit

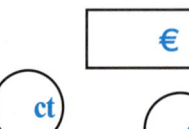

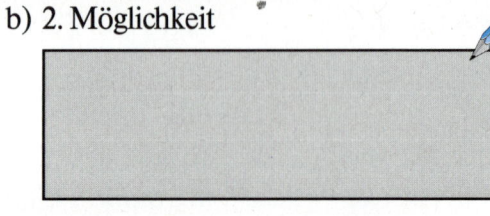

2. Franks Vater bringt 550 € in Scheinen zur Bank. Er behauptet, es sind genau 10 Geldscheine. Trage die Geldwerte in die Scheine ein.

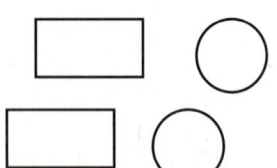

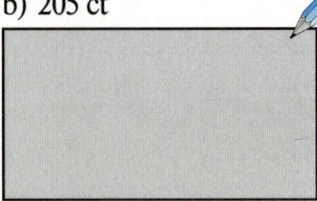

3. Bezahle mit möglichst wenig Münzen und Scheinen.

   a) 17 € 50 ct   b) 205 ct   c) 20,36 €

Geldbeträge sind Größen.

5 €
Maßzahl — Maßeinheit

Die Einheiten unseres Geldes sind Euro und Cent.

1 Euro = 100 Cent
1 € = 100 ct

Geldbeträge können auf verschiedene Arten geschrieben werden:
456 Cent = 4 € 56 ct = 4,56 €.

Größen, Rechnen mit Größen

1 Wandle um in Cent.

a) 1 € = ☐ ct   b) 1 € 25 ct = ☐ ct
    6 € = ☐ ct   3 € 9 ct = ☐ ct
c) 2,50 € = ☐ ct   d) 1,07 € = ☐ ct
   12,60 € = ☐ ct   0,56 € = ☐ ct

2 Wandle um in Euro. Benutze die Kommaschreibweise.

a) 885 ct = 8,85 €   b) 501 ct = ☐ €
   600 ct = ☐ €   9 804 ct = ☐ €
   410 ct = ☐ €   25 ct = ☐ €

3 Schreibe die Geldbeträge in unterschiedlicher Weise.

456 ct	4 € 56 ct	4,56 €
	10 € 15 ct	
1 004 ct		
		15,60 €
	0 € 50 ct	

4 Schreibe die Geldbeträge in der Kommaschreibweise.

a) fünfzig Euro und zehn Cent _____ €
b) vierhundertzwölf Euro und siebenundneunzig Cent _____ €
c) achthundert Euro und neun Cent _____ €
d) eintausendvier Euro und vierundachtzig Cent _____ €

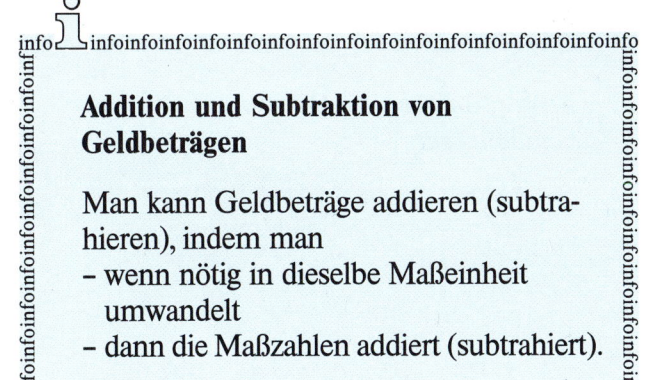

Addition und Subtraktion von Geldbeträgen

Man kann Geldbeträge addieren (subtrahieren), indem man
– wenn nötig in dieselbe Maßeinheit umwandelt
– dann die Maßzahlen addiert (subtrahiert).

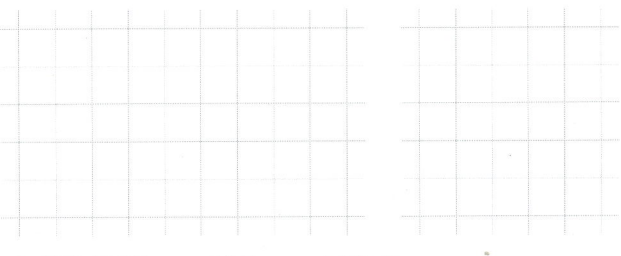

5 Notiere das Ergebnis in Kommaschreibweise.

a) 16,54 € + 45 ct + 3,00 €   b) 76,70 € − 12,05 €

c) 123 € 98 ct − 125 ct − 4,05 €

6 Sabine kauft ein Computerspiel für 57,99 € und einen Joystick für 35,50 €. Sie bezahlt mit einem 100-Euro-Schein. Berechne das Rückgeld.

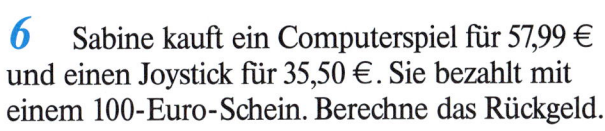

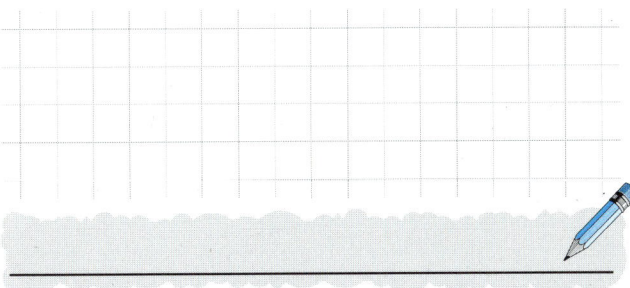

zusätzliche Aufgaben

7 Ordne die Geldbeträge nach ihrem Wert. Beginne mit dem kleinsten Geldwert.
a) 2,67 €; 276 ct; 2 € 56 ct   b) 5,60 €; 5 006 ct; 50 € 66 ct
c) 2 234 ct; 223 €; 22,30 €   d) 0,05 €; 5 € 5 ct; 5,50 €

8 Berechne.
a) 5 € 78 ct + 23 € 11 ct + 111 €   b) 9 € 50 ct − 7,40 €
c) 12 € + 95 ct + 122 € 20 ct   d) 89 € 80 ct − 77,90 €
e) 445,88 € + 0,99 € + 45,45 €   f) 100 € − 45,20 € − 21,80 €
g) 120,40 € + 0,45 € + 102,04 €   h) 200 € − 25,60 € − 102,85 €

9 Berechne jeweils den Platzhalter.
a) 14,20 € + ✶ = 15 €   b) 205,50 € − ✶ = 190 €
c) 238,20 € + ✶ = 250 €   d) 54,45 € − ✶ = 43,95 €
e) 344,00 € + ✶ = 454,50 €   f) 500,05 € − ✶ = 155 €
g) 305,90 € + ✶ = 543,80 €   h) 495,67 € − ✶ = 150,55 €

10 In einem Supermarkt tippt die Kassiererin folgende Beträge in die Kasse: 5,44 €; 0,89 €; 12,55 €. Der Kunde bezahlt mit einem 50-Euro-Schein. Berechne das Rückgeld.

Größen, Rechnen mit Größen

Multiplikation und Division von Geldbeträgen

– Geldbeträge können multipliziert werden, das Ergebnis ist wieder ein Geldbetrag.

$$6 € \cdot 9 = 54 € \qquad 12 \cdot 5 € = 60 €$$

– Dividiert man einen Geldbetrag durch eine Zahl, so ist das Ergebnis wieder ein Geldbetrag.

$$156 € : 12 = 13 €$$

– Dividiert man einen Geldbetrag durch einen Geldbetrag, so ist das Ergebnis eine Zahl (ohne Maßeinheit).

$$720 € : 120 € = 6$$

11 Rechne im Kopf. Notiere die Ergebnisse und achte auf die Maßeinheiten.

a) $4 € \cdot 15 =$ b) $122 € : 2 € =$

c) $72\ ct : 6 =$ d) $10 \cdot 12,60 € =$

e) $80\ ct \cdot 8 =$ f) $24,00 € : 4 € =$

g) $5 \cdot 1,20 € =$ h) $3,50 € : 7 =$

12 Wandle den Geldbetrag in Cent um bevor du rechnest. Gib das Ergebnis dann wieder in der Kommaschreibweise an. Führe jeweils eine Überschlagsrechnung durch.

a) $5,40 € \cdot 7$ b) $0,74 € \cdot 14$

Ü: _____   Ü: _____

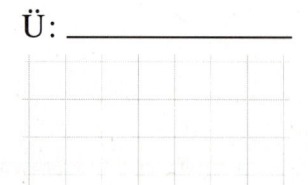

13 Dividiere, gib das Ergebnis in Euro an.

a) $10,25 € : 5$ b) $22,50 € : 9$

Ü: _____   Ü: _____

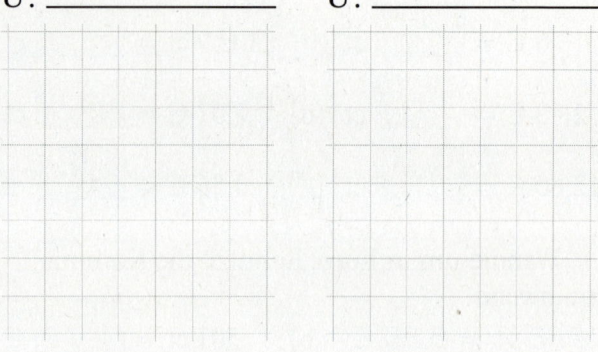

14 Fabienne und Hatice kaufen ein. Sie brauchen für ihr Aquarium noch Fische, Fischfutter, Pflanzen und Dünger. Die Mädchen wählen zwischen den abgebildeten Angeboten.

Wasserwegerich 2,50 €   Wasserpest 3,40 €   Dünger 6,00 €

Neonfisch 80 ct   Scalar 3,50 €   Fischfutter 4,90 €

Die Mädchen kaufen 10 Neonfische, 2 Wasserpest, 2 Skalare, ein Paket Dünger und eine Dose Fischfutter. Sie zahlen mit zwei 20-Euro-Scheinen. Berechne das Rückgeld.

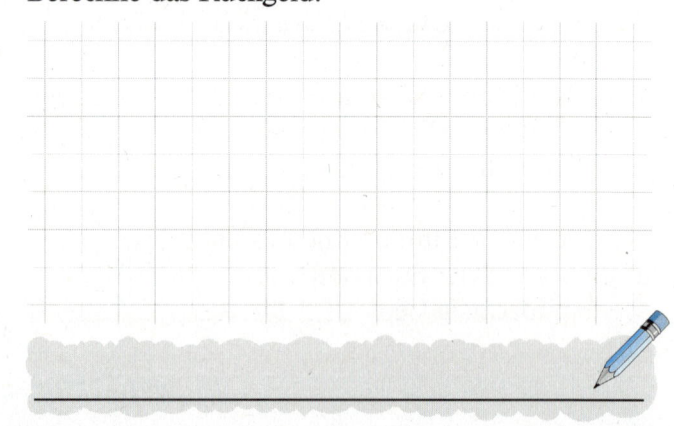

---

zusätzliche Aufgaben

15 a) $25,65 € \cdot 4$ b) $3,92 € : 7$ c) $27,15 € : 3$
   $6 \cdot 87,60 €$ $385 € : 11 €$ $529,74 € : 81$
   $5 \cdot 105,25 €$ $19,20 € : 8 €$ $20,50 € \cdot 121$

16 Eberhard soll beim Bäcker fünf Kornbrötchen zu je 60 ct, zwei Brezeln zu je 0,55 € und einen Laib Brot für 2,90 € holen. Er bezahlt mit einem 20-Euro-Schein. Berechne das Restgeld.

17 Für eine Klassenfahrt sammelt die Lehrerin von jedem ihrer 30 Schüler 8,50 € ein. Welchen Betrag hat sie insgesamt eingesammelt?

18 Die Klasse 5 c macht einen Ausflug mit der Bahn. Die Fahrkarte kostet 196 €. Von jedem Teilnehmer werden dafür 7 € eingesammelt. Wie viele Kinder nehmen an der Klassenfahrt teil?

Größen, Rechnen mit Größen

6 Rechnen mit Tabellen, Zweisatz, Sachaufgaben

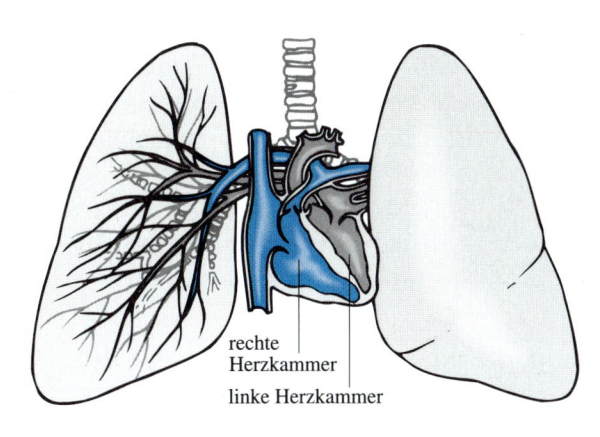

Das Herz ist der stärkste Muskel des Körpers. Es hat die Aufgabe, das Blut durch die vielen, miteinander verbundenen Blutgefäße zu pumpen. Das Blut transportiert Sauerstoff und Nährstoffe durch den ganzen Körper und entsorgt Abfallstoffe. Bei einem Erwachsenen in Ruhestellung pumpt das Herz pro Minute etwa 5 ℓ Blut durch das Kreislaufsystem.

rechte Herzkammer
linke Herzkammer

Für den Biologieunterricht soll Hans eine Tabelle anlegen, aus der man ablesen kann, wie viel Blut das Herz in bestimmten Zeitspannen durch die Adern pumpt.

Zum Vergleich:

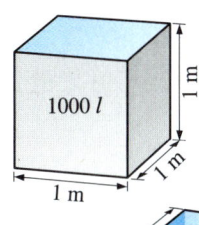

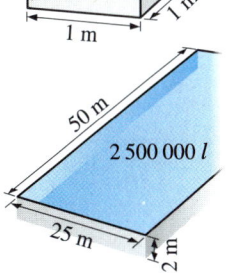

10 ℓ

1000 ℓ
1 m

50 m
2 500 000 ℓ
25 m
2 m

Zeit in Minuten (min)	1	10	20	30	40	50	60
Blutmenge in Litern (ℓ)	5	50	100	150	200	250	300

1. Lies aus der Tabelle ab, wie viel Blut durch die Adern fließt:
   a) in zwanzig Minuten   b) in einer halben Stunde   c) in einer ganzen Stunde.

_____   _____   _____

2. Neugierig geworden legt Hans weitere Tabellen an. Trage die fehlenden Werte ein.

Zeit in Stunden (h)	1	4	8	12	16	20	24
Blutmenge in Litern (ℓ)	300	1200	2400				

3. Was wollte Hans wissen, als er diese Tabelle anfertigte? Ergänze die fehlenden Werte.

Zeit in Tagen (d)	1	7	30	365
Blutmenge in Litern (ℓ)	7 200			2 628 000

Sachverhalte, bei denen sich zwei Mengen gleichmäßig verändern, können mit Hilfe von Tabellen bearbeitet werden. Hierzu muss ein Paar von Größen gegeben sein, weitere Größenpaare lassen sich dann berechnen.

Tabellen können unterschiedlich angeordnet werden.

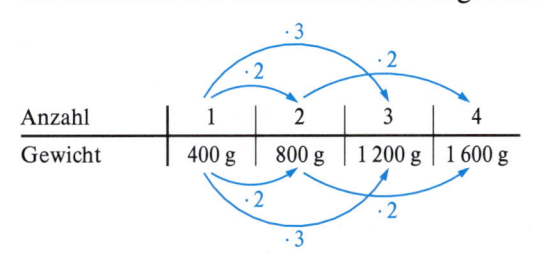

Anzahl	1	2	3	4
Gewicht	400 g	800 g	1 200 g	1 600 g

Anzahl	Gewicht
1	400 g
2	800 g
3	1 200 g
4	1 600 g

Größen, Rechnen mit Größen **69**

1 Vervollständige die Preistabelle
a) für Müsliriegel.

Stückzahl	Preis
1	0,40 €
2	
3	

b) für Limonade.

Flaschen	Preis
1	0,70 €
2	
3	
4	

2 Ergänze in den folgenden Preistabellen die fehlenden Werte.

a)
Gewicht	Preis
1 kg	1,30 €
2 kg	
3 kg	

b)
Länge	Preis
2 m	32 €
4 m	
8 m	

c)
Anzahl	1	5	10	15
Preis in €	17			

d)
Menge in l	5	10	50	100
Preis in €				10

3 In ihrem Bauernladen verkauft Frau Risser Bioprodukte. Simon hilft seiner Mutter beim Verkaufen. Damit er die Preise schnell ablesen kann, hat er sich Preistabellen angefertigt.

a) Mit der Preistabelle für Frischkäse ist Simon noch nicht fertig geworden. Ergänze die Geldbeträge in der Tabelle.

Gewicht in g	100	200	300	400
Preis in €	1,10			

b) Auch für Milch hat Simon eine Tabelle angefertigt. Einige Zahlen sind nicht mehr lesbar. Ergänze.

Menge in l	$\frac{1}{2}$	1		2
Preis in €	0,40		1,20	

4 Ein altes Zählmaß für Stückware wie z. B. für Brot und Eier ist das Dutzend:
1 Dutzend = 12 Stück.
Ergänze in der Tabelle die Stückzahlen.

Anzahl in Dutzend	1	2	3	4	5	6
Anzahl in Stück						

5 Der Zentner war früher ein häufig gebrauchtes Maß für Gewichte: **1 Zentner = 50 kg**. Lege eine Tabelle an, aus der die kg-Werte für 2; 4; 6; 8 und 10 Zentner abgelesen werden können.

Gewicht in Zentner

zusätzliche Aufgaben

6 Bei einer Radtour legen Franziska und Alla in einer Stunde durchschnittlich 14 km zurück. Wie viel km legen die Freundinnen in 4; 6; 8; 10 Fahrtstunden zurück? Löse mit Hilfe einer Tabelle.

7 Rolf trainiert im Radsportverein. Einmal im Monat fährt er eine Strecke von 150 km in 6 Stunden. Lege eine Tabelle an, aus der abgelesen werden kann, welche Strecke Rolf durchschnittlich in 1; 2; 3; 4 und 5 Stunden zurücklegt.

8 Eine Schulstunde dauert 45 Minuten. Wie lange dauern 2; 3; 4; 5; 6 Schulstunden ohne Pause? Löse mit Hilfe einer Tabelle. Rechne die Minuten in Stunden und Minuten um.

9 Beim Schulfest wollen die Schüler der 5. Klasse gebrannte Mandeln verkaufen. Sie packen diese in 50-g-Tüten ab, die für 0,80 € verkauft werden. Es sollen aber auch andere Packungen mit 100 g, 200 g und 400 g angeboten werden. Lege eine Preistabelle an.

Rechnen mit dem Zweisatz

Sachverhalte, die man mit Tabellen lösen kann, lassen sich auch mit Hilfe des „Zweisatzes" lösen. Dieses Verfahren ist vorteilhaft, wenn nur eine Größe berechnet werden muss.

Im ersten Satz stehen die bekannten Größen. Im zweiten Satz steht die gesuchte Größe rechts.

Ausführliche Schreibweise:

1 Stück wiegt 6 g
50 Stück wiegen 50 · 6 g = **300 g**

Kurzschreibweise:

1 St. —— 6 g
50 St. —— 50 · 6 g = **300 g**

10 Für das Schulfest will Dirk vier Apfelkuchen backen. Für einen Kuchen braucht er 750 g Äpfel. Wie viel g Äpfel muss er einkaufen?

1 Kuchen —— 750 g

4 Kuchen —— _____

11 Tina hat festgestellt, dass sie innerhalb von zwei Monaten 4 Bleistifte verbraucht hat. Wie viele Bleistifte sind das bei gleich bleibendem Verbrauch in einem Jahr?

2 Monate —— 4 Bleistifte

12 Monate —— _____

12 Ein Mensch sollte am Tag 3 ℓ Flüssigkeit zu sich nehmen. Wie viele Liter sind das
a) in einer Woche   b) in einem Jahr?

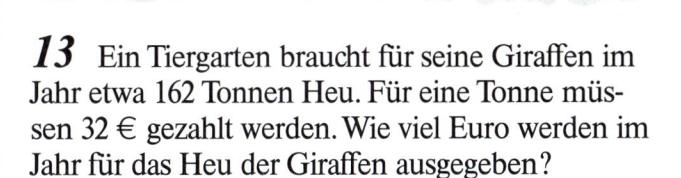

13 Ein Tiergarten braucht für seine Giraffen im Jahr etwa 162 Tonnen Heu. Für eine Tonne müssen 32 € gezahlt werden. Wie viel Euro werden im Jahr für das Heu der Giraffen ausgegeben?

14 Ali benötigt für seine 10 km lange Joggingstrecke $1\frac{1}{4}$ Stunden. Welche Zeit bräuchte er bei gleich bleibender Geschwindigkeit für eine Marathonstrecke (ca. 42 km)?

zusätzliche Aufgaben

15 Valentina möchte einen Pullover stricken. Ein Wollknäuel kostet 2,50 €. Valentina schätzt, dass sie etwa 8 Knäuel brauchen wird. Wie viel Geld muss sie für die Wolle ausgeben?

16 In 100 g Bratwurst sind etwa 57 g Fett enthalten. Wie viel Fett enthalten 250 g ($\frac{1}{2}$ kg; 1 kg) Bratwurst?

17 Ina kauft 8 Brötchen der gleichen Sorte. Die Verkäuferin verlangt 2,80 €. Wie viel Cent kostet ein Brötchen?

18 Schallwellen brauchen Zeit, um sich auszubreiten. Dabei sind sie in verschiedenen Stoffen unterschiedlich schnell. Im Wasser legt der Schall pro Sekunde ca. 1 500 m zurück, in der Luft pro Minute ca. 19 800 m und in Eisen 1 km in 2 Sekunden.
In welchem der genannten Stoffe ist der Schall am langsamsten?

19 Ein Sportwagenfahrer legt auf der Autobahn in $1\frac{1}{2}$ Stunden 210 km zurück. Ein Motorradfahrer braucht für 105 km 45 min. Wer ist schneller, der Sportwagen- oder der Motorradfahrer?

Größen, Rechnen mit Größen

Sieben Schritte zum Lösen von Sachaufgaben

1. Lies den Aufgabentext gründlich durch.
2. Notiere die Frage.
3. Unterstreiche alle wichtigen Zahlenangaben und dazugehörigen Begriffe.
4. Überlege dir einen Lösungsweg. Dabei helfen dir folgende Fragen:
   – Hast du schon einmal eine ähnliche Aufgabe gelöst?
   – Können Zeichnungen, Skizzen oder Tabellen die Lösung vereinfachen?
5. Führe eine Überschlagsrechnung durch und rechne das Ergebnis aus.
6. Überprüfe durch eine Probe.
7. Schreibe die Antwort auf.

20 Zucker wird aus Zuckerrüben gewonnen. Aus 60 kg Zuckerrüben erhält man etwa 10 kg Zucker. Wie viel kg Zuckerrüben müssen für die Gewinnung von 1 000 kg Zucker verarbeitet werden?

21 Ein 500-g-Glas Nuss-Nougat-Creme enthält 270 g Zucker. Wie viel Zucker enthalten 25 g?

22 Altölreste sind eine große Gefahr für unser Trinkwasser. 1 Liter Öl reicht aus, um eine Million Liter Wasser ungenießbar zu machen. Aus einem undichten Tank gelangen 500 l Altöl ins Grundwasser. Berechne die Wassermenge, die durch diese Ölmenge belastet wird.

23 Altöl kann wieder aufbereitet werden. Aus 100 l Altöl können 12 l Heizöl und 45 l Schmieröl hergestellt werden. Bei einer Altölsammlung werden 1 800 l Altöl abgegeben.
a) Wie viel Liter Schmieröl und wie viel Liter Heizöl können daraus gewonnen werden?

b) Wie viel Altöl bleibt als Reststoff übrig?

zusätzliche Aufgaben

24 Familie Schnee möchte zu einem 3-tägigen Skiurlaub fahren. Der Fahrpreis mit dem Bus liegt für jeden Elternteil bei 48 €, die drei Kinder zahlen jeweils den halben Erwachsenenpreis. Die Kosten für die Unterkunft mit Vollpension liegen für Erwachsene bei 35 € und für Kinder bei 23,50 € pro Tag. Der Dreitageskipass kostet für die gesamte Familie 240 €. Berechne die Gesamtkosten des Skiurlaubs.

25 Ein Geldzählautomat zählt pro Sekunde 30 Münzen.
a) Wie viele Münzen zählt er in 1 min (1 h)?
b) Er zählt 5 min lang 1-Cent-Münzen. Wie hoch ist der vorliegende Betrag?
c) Welcher Betrag liegt vor, wenn er 5 min lang 5-Euro-Stücke zählt?
d) Wie lange braucht er, um 1 Mill. € in 2-Euro-Stücken zu zählen?

Größen, Rechnen mit Größen

26

> **Parkgebühren**
> Die erste Stunde kostet 2 €,
> jede weitere angefangene Stunde 1,50 €.
> Eine Tageskarte kostet 7 €.

a) Herr Ratz weiß, dass er sein Auto für rund 5 Stunden abstellen muss. Er überlegt, ob eine Tageskarte günstiger ist.

b) Frau Opel stellt ihr Auto von 10.56 Uhr bis 13.15 Uhr im Parkhaus ab. Wie viel Euro muss sie bezahlen?

27 Stimmt die Endsumme?

	Bürobedarf BACHMANN		
Anzahl	Artikel	Einzelpreis	Gesamtpreis
4	Pinsel	0,55 €	2,20 €
3	Hefte	0,40 €	
5	Stifte	0,90 €	
2	Füller	8,50 €	
		Summe:	24,90 €

28 Zeppeline schweben, weil sie mit dem Gas Helium gefüllt werden. Dieses ist viel leichter als Luft. 1 m³ Helium wiegt 173 g, dagegen wiegt 1 m³ Luft rund 1 300 g.

a) Wie viel kg wiegt die Füllung eines Zeppelins, der mit 3 500 m³ Helium gefüllt ist?

b) Wie schwer ist die gleiche Menge Luft?

29 1997 wurde in der Skiregion des Montafon die größte Tafel Schokolade der Welt gegossen und an die Skifahrer verteilt. Alex und Max schleppten in ihren Rucksäcken jeweils 1,800 kg Schokolade nach Hause. Wie viele 100-g-Tafeln hätte man daraus herstellen können?

zusätzliche Aufgaben

30 Ein Wanderer geht in einer Stunde durchschnittlich 4 km. Welche Strecke legt er in 3 (6; 8; 10) Stunden zurück? Löse mit Hilfe einer Tabelle.

31 Im Januar 1998 lebten in der kleinen Gemeinde Zumhaus 879 Einwohner. Im Laufe des Jahres wurden 8 Kinder geboren, 12 Einwohner starben, 14 Personen zogen weg und 21 Personen zogen neu zu. Wie viele Einwohner lebten am Jahresende in Zumhaus?

32 Ein Milligramm (mg) ist der tausendste Teil eines Gramms (g). Ein Meter Kupferdraht wiegt 3 mg. Wie lang ist ein Draht, der 450 mg (500 g; 750 g; 1 kg) wiegt?

33 Fabian und Johanna kaufen für die Klassenparty ein: Säfte und Limonade für 15,50 €, Knabberzeug für 8,25 € und Süßigkeiten für 9,55 €. Von jedem der 25 Schüler wurden 1,50 € eingesammelt. Wie viel Geld bleibt noch für die Dekoration?

34 Der Kassenwart eines Vereins zählt am Abend nach einem Turnier das eingenommene Geld. In der Kasse befinden sich zwölf 100-Euro-Scheine, vier 200-Euro-Scheine, neun 20-Euro-Scheine und neununddreißig 10-Euro-Scheine. Die Münzen haben zusammen einen Wert von 345,50 €.
a) Wie viel Geld befindet sich insgesamt in der Kasse?
b) Der Verein hatte Auslagen von 1 587 €. Wie groß ist der Gewinn?

Größen, Rechnen mit Größen

7 Vernetzte Aufgaben

Flughäfen im Vergleich

	Fluggäste (pro Jahr)	Luftfracht (pro Jahr)	Fläche
HAMBURG	8 995 332	34 460 t	500 ha 40 a
DÜSSELDORF	15 930 216	62 300 t	613 ha
FRANKFURT	42 744 018	1 360 800 t	16 km²
STUTTGART	7 097 385	16 770 t	39 000 a
MÜNCHEN	19 099 808	103 850 t	5 km²

1 a) Ordne die Flughäfen der Fläche nach. Beginne mit dem größten Flughafen und trage die Angaben in der ersten Spalte der Tabelle ein.
b) Runde die Anzahl der Fluggäste pro Jahr auf Millionen. Ordne sie dem entsprechenden Flughafen zu und trage die Werte in die zweite Spalte der Tabelle ein.

Flughäfen nach Flächengröße	Fluggäste pro Jahr in Millionen

2 Überprüfe folgende Aussage:
„Die Fläche des Frankfurter Flughafens ist mehr als 4-mal so groß wie die Fläche des Stuttgarter Flughafens."

3 Ein Klassenzimmer ist ungefähr 60 m² groß. Wie oft könnte man die Fläche des Klassenzimmers auf dem Gelände des Hamburger Flughafens unterbringen?

4 Die zwei Start- und Landebahnen des Düsseldofer Flughafens besitzen eine Gesamtlänge von 5 850 m. Der Münchner verfügt über zwei Start- und Landebahnen, die insgesamt 8 km lang sind. Berechne die Differenz.

5 Der Frankfurter Flughafen besitzt auch eine große Bedeutung für den Weitertransport von Luftfracht. Ein Jumbofrachter kann pro Flug 100 000 kg Fracht transportieren.
Wie viele Flüge eines Jumbofrachters sind notwendig, um die jährliche Luftfracht des Frankfurter Flughafens zu transportieren?

6 Ein Flug mit einer Linienmaschine von München nach New York dauert 8 Stunden und 30 Minuten. Ein Flugzeug startet um 11.45 Uhr in München.
a) Wie viel Uhr ist es in München, wenn das Flugzeug in New York landet?

b) In New York ist es aufgrund der Zeitverschiebung 7 Stunden später als in München.
Welche Zeit zeigt eine Uhr am New Yorker Flughafen bei der Landung an?

74 Größen, Rechnen mit Größen

Preise:

Übernachtung
mit Frühstück: 9,20 €
Mittagessen: 4,65 €
Abendessen: 3,90 €

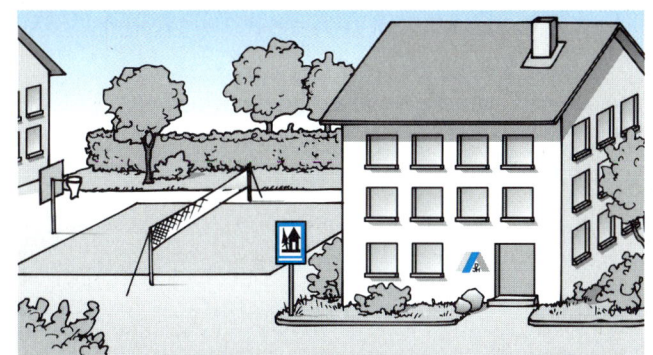

7 Eine 6. Klasse mit 26 Schülern fährt für drei Tage in die Jugendherberge nach Breisach. Die Klassenlehrerin schreibt auf, wie viel Geld sie von jedem Schüler einsammeln muss.

Fahrt nach Breisach

Busfahrt	25,00 €
Bootstour	4,50 €
Eintrittsgelder	6,30 €
3 Übernachtungen mit Frühstück	_____
2 Mittagessen	_____
3 Abendessen	_____
Gesamt:	_____

a) Ergänze die fehlenden Kosten und berechne den Gesamtbetrag, den jeder Schüler bezahlen muss.
b) Wie viel Geld muss die Lehrerin insgesamt von ihren Schülern einsammeln?

8 Für den ersten Tag ist eine Busfahrt auf den Feldberg und eine Bootstour auf dem Titisee geplant. Der Ausflug beginnt um 10.45 Uhr. Pünktlich zum Abendessen um 18.30 Uhr ist die Klasse wieder in der Jugendherberge.
a) Wie lange hat der Ausflug gedauert?

b) Vor der Abfahrt zeigt der Kilometerzähler des Busses 78 946 km an. Als die Klasse von ihrem Ausflug zurückkehrt, steht der Kilometerzähler auf 79 078 km.
Wie viele Kilometer ist der Bus gefahren?

9 Am zweiten Tag werden Spiele auf dem Gelände der Jugendherberge angeboten. Dieses besitzt eine Größe von 13 a. Zu dem Gelände gehören ein Tennisplatz mit einer Fläche von 2 a, ein Fußballfeld und ein rechteckiger Spielplatz.
a) Das Fußballfeld ist $2\frac{1}{2}$-mal größer als der Tennisplatz. Berechne die Fläche des Fußballfeldes.

b) Der Spielplatz ist 12 m breit und 13 m lang. Berechne den Flächeninhalt des Spielplatzes.

10 Bei einem Schwimmbadbesuch haben sich die vier Freunde Anna, Luisa, Achmed und Simon auf eine Waage gestellt. Folgende Gewichte haben sie abgelesen: Anna 44,500 kg; Luisa $37\frac{1}{2}$ kg; Achmed 51,200 kg und Simon 50 kg.
a) Berechne den Gewichtsunterschied zwischen dem schwersten und dem leichtesten Kind.

b) Stimmt es, dass die Freunde zusammen halb so viel wiegen, wie der schwerste Mensch auf der Welt mit 404 kg?

Größen, Rechnen mit Größen

TEST

Für jede richtig gelöste Aufgabe erhältst du 4 Punkte.

1 Wandle in die angegebene Einheit um.

a) 630 ct = _____ €

55,99 € = _____ ct

b) 9,3 cm = _____ mm

$7\frac{3}{4}$ m = _____ cm

c) 4,657 t = _____ kg

$6\frac{1}{2}$ kg = _____ g

d) 79 ha = _____ a

$1\frac{1}{2}$ m² = _____ dm²

2 Rechne im Kopf, vergiss die Maßeinheit nicht.

a) 28 cm + $\frac{1}{2}$ m = _____

15 mm · 7 = _____

b) 2 kg − 550 g = _____

60 t : 15 = _____

c) 4 dm² + 58 cm² = _____

12 km² · 11 = _____

d) 4 min − 15 s = _____

$7\frac{1}{2}$ min : 5 = _____

3 Ergänze die fehlenden Zeitpunkte und Zeitspannen in den Tabellen.

a)
Abfahrt	7.15 Uhr	18.45 Uhr
Ankunft	10.50 Uhr	0.31 Uhr
Fahrtdauer		

b)
Abfahrt		21.37 Uhr
Ankunft	16.40 Uhr	
Fahrtdauer	5 h 20 min	2 h 17 min

4 Rechne schriftlich.

a) 3 245 dm + 768 m   b) 57 km² − 4 821 ha

c) 293 € · 43

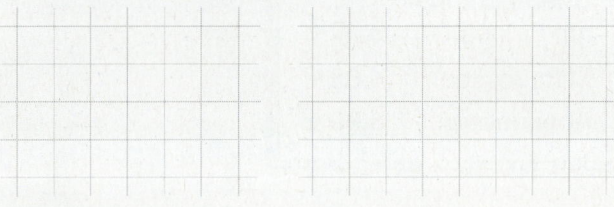

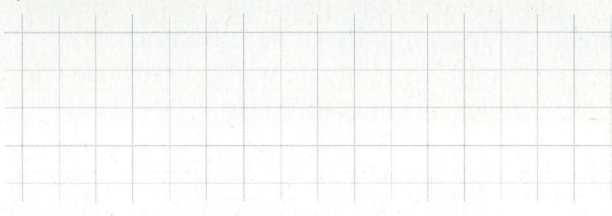

d) 4 352 m : 17 m

5 Julia und ihr Bruder Paul kaufen ein:
1 kg Brot für 2,35 €; 150 g Salami für 1,47 € und
$3\frac{1}{2}$ kg Kartoffeln für 3 € 43 ct.
a) Wie viel wiegen ihre Einkäufe zusammen?

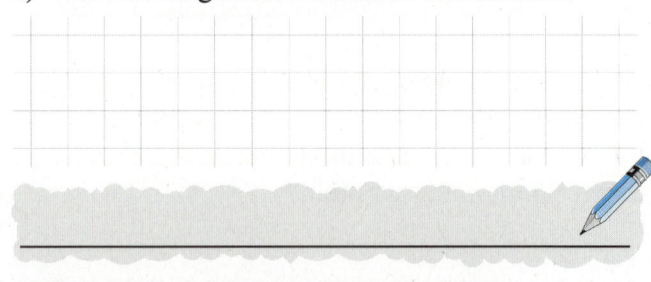

b) Sie zahlen mit einem 10-Euro-Schein.
Berechne das Rückgeld.

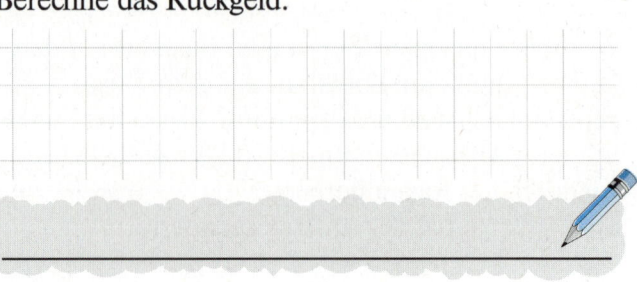

Ermittle nun anhand der Lösungen auf Seite 79 deine erzielte Punktzahl.

Lösungen zu den Tests

Lösungen zum Test Kapitel 1 „Zahlen und Rechnen mit natürlichen Zahlen", Seite 28

1 Rechne im Kopf.

a) $768 + 25 = \boxed{793}$ b) $456 + 144 = \boxed{600}$

$265 - 43 = \boxed{222}$ $785 - 225 = \boxed{560}$

c) $11 \cdot 20 = \boxed{220}$ d) $15 \cdot 60 = \boxed{900}$

$84 : 6 = \boxed{14}$ $108 : 12 = \boxed{9}$

2 Rechne schriftlich. Führe zuerst eine Überschlagsrechnung durch.

a) $40\,281 + 20\,368$ Ü: 60 600

```
  40281
+ 20368
  ─────
  60649
```

b) $247 \cdot 13$ Ü: 2 500

```
247 · 13
  2470
   741
  ────
  3211
```

c) $1\,359 - 876 - 189$ Ü: 200

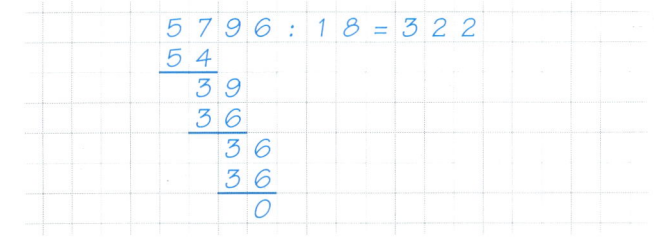

```
  876         1359
+ 189       - 1065
  ───         ────
 1065          294
```

d) $5\,796 : 18$ Ü: 290

```
5796 : 18 = 322
54
─
 39
 36
 ──
  36
  36
  ──
   0
```

3 Schreibe in Millionen und Tausendern.

$50\,000\,000$ = 50 Mio. = 50 000 T

10 Mrd. = 10 000 Mio. = 10 000 000 T

$\frac{1}{2}$ Mrd. = 5 000 Mio. = 5 000 000 T

$\frac{1}{4}$ Billion = 250 000 Mio. = 250 000 000 T

4 Berechne.

a) $455 - 15 \cdot 6$

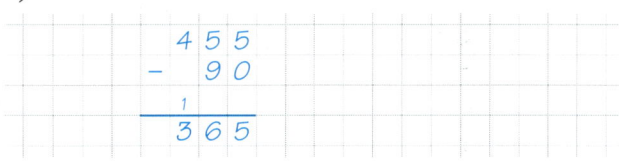

```
  455
-  90
  ───
  365
```

b) $3 \cdot (675 - 235) + 320 : 16$

$= 3 \cdot 440 + 20$

$= 1320 + 20$

$= 1340$

5 In einem Erlebnisbad wurden an einem Wochenende alle Besucher gezählt. Nach Altersstufen geordnet, ergaben sich folgende Zahlen: Kinder: 265; Jugendliche: 404; Erwachsene: 551; Senioren: 179.

a) Runde die Besucherzahlen auf Zehner.

Kinder: 270   Jugendliche: 400

Erwachsene: 550   Senioren: 180

b) Erstelle ein Blockschaubild. Wähle für 100 Besucher eine Achseneinteilung von 1 cm.

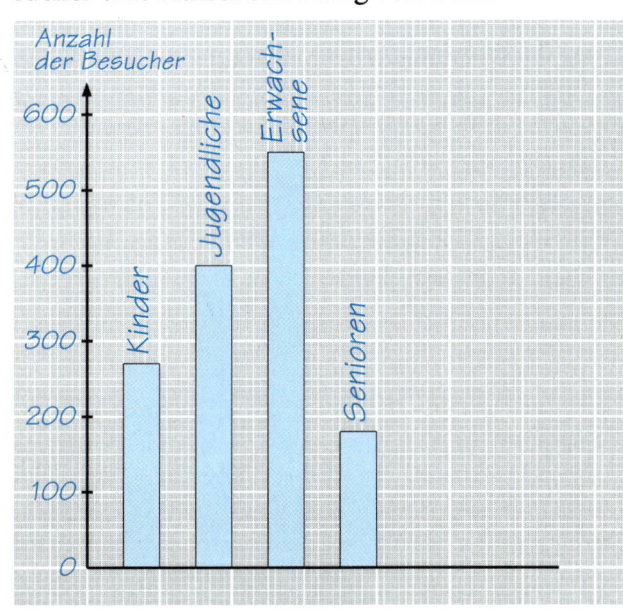

Ermittle deine Gesamtpunktzahl und schätze deine Leistung selbst ein. Je heller die Farbe, desto erfolgreicher warst du im Test.

5   10   15   20

Lösungen zu den Tests

Lösungen zum Test Kapitel 2 „Geometrie: Grundbegriffe", Seite 52

1 Ergänze die unten stehenden Sätze durch die folgenden „Lückenfüller":
einen Anfangspunkt; Strahl; keinen Anfangspunkt; Kleinbuchstaben; zwei Punkten; keinen Endpunkt; gerade Linien.

a) Geraden, Strecken und Halbgeraden sind _gerade Linien_. Man bezeichnet sie oft mit _Kleinbuchstaben_.

b) Eine Gerade hat _keinen Anfangspunkt_ und _keinen Endpunkt_.

c) Eine Strecke wird von _zwei Punkten_ begrenzt.

d) Eine Halbgerade wird auch _Strahl_ genannt. Sie hat _einen Anfangspunkt_ und _keinen Endpunkt_.

2 Welche der abgebildeten Geradenpaare sind senkrecht zueinander, welche sind parallel? Überprüfe mit dem Geodreieck und schreibe auf.

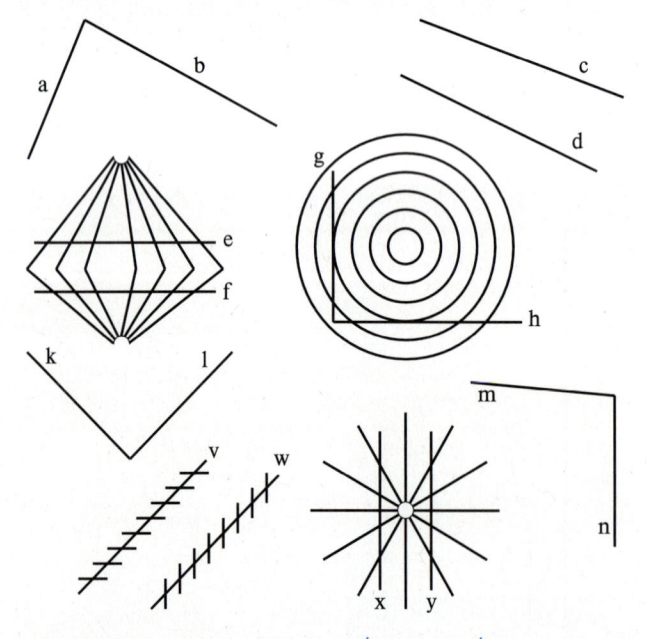

Senkrecht zueinander: _g ⊥ h; k ⊥ l_

Parallel zueinander: _e ∥ f; v ∥ w; x ∥ y_

3 Ergänze folgende Abbildungen zu achsensymmetrischen Figuren.

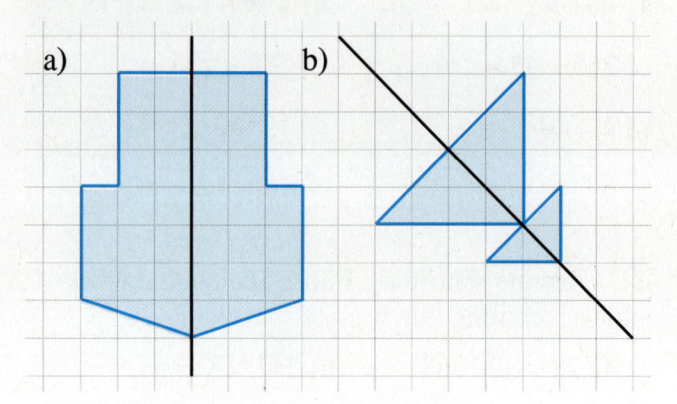

a)   b)

4 Miss die Seitenlängen und berechne den Flächeninhalt der farbigen Flächen.

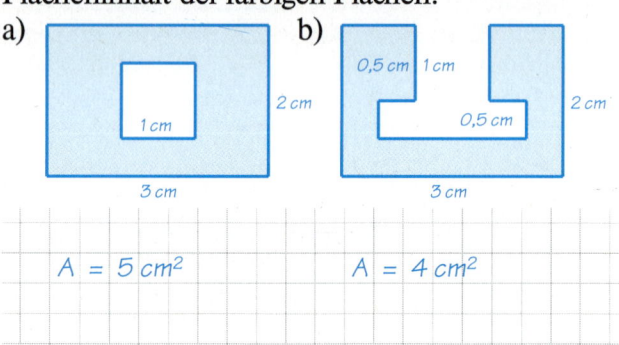

a) $A = 5\,cm^2$

b) $A = 4\,cm^2$

5 Ein Würfel hat die Kantenlänge a = 3 cm.
a) Zeichne ein Schrägbild.

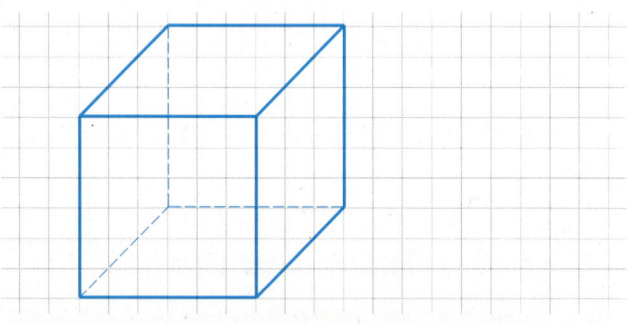

b) Die Würfelflächen sollen beklebt werden. Wie viel cm² Papier benötigt man dafür?

$6 \cdot (3 \cdot 3)\,cm^2 = 54$ cm²

Man benötigt 54 cm² Papier.

Ermittle deine Gesamtpunktzahl und schätze deine Leistung selbst ein. Je heller die Farbe, desto erfolgreicher warst du im Test.

5   10   15   20

Lösungen zu den Tests

Lösungen zu den Tests

Lösungen zum Test Kapitel 3 „Größen, Rechnen mit Größen", Seite 76

1 Wandle in die angegebene Einheit um.

a) 630 ct = _6,30_ €

55,99 € = _5 599_ ct

b) 9,3 cm = _93_ mm

$7\frac{3}{4}$ m = _775_ cm

c) 4,657 t = _4 657_ kg

$6\frac{1}{2}$ kg = _6 500_ g

d) 79 ha = _7 900_ a

$1\frac{1}{2}$ m² = _150_ dm²

2 Rechne im Kopf, vergiss die Maßeinheit nicht.

a) 28 cm + $\frac{1}{2}$ m = _78 cm_

15 mm · 7 = _105 mm_

b) 2 kg − 550 g = _1 450 g_

60 t : 15 = _4 t_

c) 4 dm² + 58 cm² = _458 cm²_

12 km² · 11 = _132 km²_

d) 4 min − 15 s = _3 min 45 s_

$7\frac{1}{2}$ min : 5 = _$1\frac{1}{2}$ min_

3 Ergänze die fehlenden Zeitpunkte und Zeitspannen in den Tabellen.

a)
Abfahrt	7.15 Uhr	18.45 Uhr
Ankunft	10.50 Uhr	0.31 Uhr
Fahrtdauer	3 h 35 min	5 h 46 min

b)
Abfahrt	11.20 Uhr	21.37 Uhr
Ankunft	16.40 Uhr	23.54 Uhr
Fahrtdauer	5 h 20 min	2 h 17 min

4 Rechne schriftlich.

a) 3 245 dm + 768 m

```
  3 2 4 5 dm
+ 7 6 8 0 dm
  ─────────
        1
1 0 9 2 5 dm
```

b) 57 km² − 4 821 ha

```
  5 7 0 0 ha
− 4 8 2 1 ha
  ─────────
      1 1 1
      8 7 9 ha
```

c) 293 € · 43

```
2 9 3 · 4 3
───────────
  1 1 7 2 0
        8 7 9
───────────
  1 2 5 9 9 €
```

d) 4 352 m : 17 m

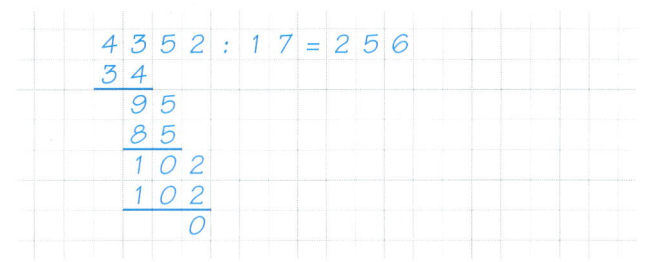

```
4 3 5 2 : 1 7 = 2 5 6
3 4
───
  9 5
  8 5
  ───
    1 0 2
    1 0 2
    ─────
        0
```

5 Julia und ihr Bruder Paul kaufen ein: 1 kg Brot für 2,35 €; 150 g Salami für 1,47 € und $3\frac{1}{2}$ kg Kartoffeln für 3 € 43 ct.

a) Wie viel wiegen ihre Einkäufe zusammen?

1 kg + 150 g + 3 500 g

= 4 650 g = 4,650 kg

Die Einkäufe wiegen 4 600 g.

b) Sie zahlen mit einem 10-Euro-Schein. Berechne das Rückgeld.

2,35 € + 1,47 € + 3 € 43 ct

= 7 € 25 ct

Das Rückgeld beträgt 2 € 75 ct.

Ermittle deine Gesamtpunktzahl und schätze deine Leistung selbst ein. Je heller die Farbe, desto erfolgreicher warst du im Test.

5   10   15   20

Zum Nachschlagen

Stufenzahlen

1	Eins
10	Zehn
100	Hundert
1 000	Tausend
10 000	Zehntausend
100 000	Hunderttausend
1 000 000	Million
1 000 000 000	Milliarde
1 000 000 000 000	Billion

Addition und Subtraktion

Summand plus Summand
$\underbrace{32 \ + \ 16}_{\text{Summe}} = 48$

Man darf die Reihenfolge der Summanden vertauschen.

1. Zahl minus 2. Zahl
$\underbrace{48 \ - \ 16}_{\text{Differenz}} = 32$

Man darf die Reihenfolge der Zahlen **nicht** vertauschen.

Multiplikation und Division

Faktor mal Faktor
$\underbrace{6 \ \cdot \ 12}_{\text{Produkt}} = 72$

Man darf die Reihenfolge der Faktoren vertauschen.

1. Zahl durch 2. Zahl
$\underbrace{72 \ : \ 6}_{\text{Quotient}} = 12$

Man darf die Reihenfolge der Zahlen **nicht** vertauschen.

Längen

1 mm		Millimeter
10 mm	= 1 cm	Zentimeter
10 cm	= 1 dm	Dezimeter
10 dm	= 1 m	Meter
1 000 m	= 1 km	Kilometer

Die Umrechnungszahl bei den benachbarten Längenmaßen ist 10, zwischen m und km ist sie 1 000.

Gewichte

1 g		Gramm
1 000 g	= 1 kg	Kilogramm
1 000 kg	= 1 t	Tonne

Die Umrechnungszahl zwischen g und kg und zwischen kg und t ist jeweils 1 000.

Zeitpunkte und Zeitspannen

1 s		Sekunde
60 s	= 1 min	Minute
60 min	= 1 h	Stunde
24 h	= 1 d	Tag

Bei den Zeiteinheiten ist die Umrechnungszahl unterschiedlich.

Flächeninhalte

1 mm²		Quadratmillimeter
100 mm²	= 1 cm²	Quadratzentimeter
100 cm²	= 1 dm²	Quadratdezimeter
100 dm²	= 1 m²	Quadratmeter
100 m²	= 1 a	Ar
100 a	= 1 ha	Hektar
100 ha	= 1 km²	Quadratkilometer

Die Umrechnungszahl bei den benachbarten Flächenmaßen ist 100.

Umfang und Flächeninhalt (Rechteck/Quadrat)

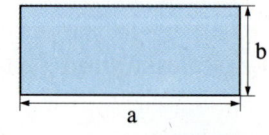

a: Länge
b: Breite
$u_R = 2 \cdot (a + b)$
$A_R = a \cdot b$

a: Seitenlänge
$u_Q = 4 \cdot a$
$A_Q = a \cdot a$

Vierecke

- Quadrat
- Rechteck
- Raute
- Parallelogramm
- Drachen
- gleichschenkliges Trapez

Geometrische Körper

- Würfel
- Quader
- Dreiecksprisma
- Zylinder
- Kegel
- Kugel

Beiheft mit den Lösungen (zu # 742111)

Zahlen und Rechnen mit natürlichen Zahlen

1 Zehnersystem: Ziffern, Zahlen bis 1 Billion

Seite 5

Bei den Bildern A, C, E und F kann man die Anzahl auf einen Blick erkennen. Die Bilder B und D zeigen mehr als 5 Gegenstände.

Bild G: 25 Münzen;   Bild H: 21 Münzen

Die Anzahl der Münzen in Bild G kann man schneller erkennen, weil die Münzen in 5er Gruppen zusammengefasst sind.

Seite 6

1

Stufenzahl	Zahlwort
1	eins
10	zehn
100	hundert
1 000	tausend
10 000	zehntausend
100 000	hunderttausend
1 000 000	eine Million
10 000 000	zehn Millionen
100 000 000	hundert Millionen
1 000 000 000	eine Milliarde
10 000 000 000	zehn Milliarden

2

a) 2. Stelle   Zehner
b) 4. Stelle   Tausender
c) 7. Stelle   Millionen
d) 10. Stelle Milliarden

3

Zahl	Nullen	Zahl	Nullen
zehntausend	4	1 Mrd.	9
1 Million	6	100 Mrd.	11
100 Millionen	8	1 Billion	12

4

	Millionen			Tausender				
	H	Z	E	H	Z	E	H	Z	E
a)						6	0	6	0
b)	2	0	6	0	0	0	0	0	0
c)					2	3	0	9	8
d)					4	4	1	0	0

5

78 = 7 · 10 + 8 · 1
708 = 7 · 100 + 0 · 10 + 8 · 1
780 = 7 · 100 + 8 · 10 + 0 · 1
7 080 = 7 · 1 000 + 0 · 100 + 8 · 10 + 0 · 1
7 008 = 7 · 1 000 + 0 · 100 + 0 · 10 + 8 · 1
7 865 = 7 · 1 000 + 8 · 100 + 6 · 10 + 5 · 1

6

a) 10 cm
b) 100 cm
c) 100 000 m
d) 100 Mrd. Scheine;   10 000 000 m

7

a) 1 000 Mio.   b) 10 000 Mio.   c) 4 000 Mio.
d) 25 000 Mio.   e) 110 000 Mio.

8

a) 1 000 Mrd.   b) 4 000 Mrd.   c) 10 000 Mrd.
d) 14 000 Mrd.   e) 123 000 Mrd.   f) 999 000 Mrd.

9

a) 1 000 000 = 1 Mio.
b) 1 000 Mrd. = 1 Bio.
c) 10 000   (1 Mio.)
d) 1 000

Seite 7

10

a) 61 > 16
   123 < 132
   598 > 589
   870 > 780
   1 212 < 1 221

b) 20 010 < 20 100
   123 471 < 123 741
   10 Mio. < 100 000 000
   100 Mrd. < 1 Billion
   10 000 Mio. = 10 Mrd.
   1 000 000 Mio. = 1 Billion

11
a) 9 731   b) 1 379   c) 3 971

12
a) 672   b) 248 000
c) 550 000   d) 81 000 000

13
Jahreszahl: 1923
Preis für 1 Liter Milch: 300 000 000 000 Mark
Preis für 1 kg Kartoffeln: 120 000 000 000 Mark
Preis für 1 Laib Brot: 420 000 000 000 Mark
Preis für 1 kg Butter: 5 200 000 000 000 Mark

14
a) 9 876 543 210;
neun Milliarden achthundertsechsundsiebzig Millionen fünfhundertdreiundvierzigtausendzweihundertzehn

b) 1 023 456 789;
eine Milliarde dreiundzwanzig Millionen vierhundertsechsundfünfzigtausendsiebenhundertneunundachtzig

15
a) 1 818   b) 1 648
c) 1 701   d) 1 919
e) 1 111   f) 1 498

16
a) eintausendvierhundertneunzehn
b) dreitausendundsechs
c) eine Million fünfhundertvierundsechzigtausendzweihundert
d) sechs Millionen vierundzwanzigtausendvierhundertvierzig
e) siebenhundertsiebenundsiebzigtausendsiebenhundertsiebenundsiebzig
f) fünfzigtausendsechshundertzwei

17
a) 40 000 000 000 000 km
b) 5 000 000 000 000 km

18
2 000 000 000 cm = 20 000 km

2 Runden von Zahlen

Seite 8

Die Längenangaben links sind
— auf ganze Kilometer gerundet
— genauer als die Angaben in der rechten Spalte
— wahrscheinlich in einem Lexikon zu finden

Die Längenangaben rechts sind
— auf hundert Kilometer gerundet
— zum Auswendiglernen geeignet

Seite 9

1
a) Zehner: 89 3<u>4</u>8 ≈ 89 350
b) Hunderter: 89 <u>3</u>48 ≈ 89 300
c) Tausender: 8<u>9</u> 348 ≈ 89 000
d) Zehntausender: <u>8</u>9 348 ≈ 90 000
e) Hunderttausender: <u>0</u>89 348 ≈ 100 000

2
a) Zehner: 127 820
b) Hunderter: 127 800
c) Tausender: 128 000
d) Zehntausender: 130 000
e) Hunderttausender: 100 000

3
a) 7 100
b) 20 000
c) 350 000
d) 3 000 000
e) 4 000 000

4
Es ist sinnvoll, auf ganze Euro zu runden.
6 € + 1 € + 2 € + 1 € + 4 € + 13 € = 26 €
Der Gesamtpreis der Waren beträgt ungefähr 26 €.

5

Deutschland: 42 833 km ≈ 43 000 km
Frankreich: 32 731 km ≈ 33 000 km
England: 17 528 km ≈ 18 000 km
Italien: 16 112 km ≈ 16 000 km
Spanien: 13 041 km ≈ 13 000 km

Die aufgeführten Länder haben zusammen ein Streckennetz von rund 123 000 km.

6

In den Medien wird oftmals großzügig gerundet, um „falsche" Tatsachen vorzutäuschen.

7

Eine Großstadt muss mindestens 100 000 Einwohner besitzen. Das Runden von Einwohnerzahlen ist im Allgemeinen nicht zulässig.

8

Berg	Lage	Höhe ü. d. M.
Mount Everest	Himalaya	≈ 8 800 m
Mont Blanc	Französische Alpen	≈ 4 800 m
Zugspitze	Bayerische Alpen	≈ 3 000 m
Feldberg	Schwarzwald	≈ 1 500 m
Erbeskopf	Hunsrück	≈ 800 m
Hohe Acht	Hocheifel	≈ 750 m

3 Ordnen und Darstellen von Zahlen

Seite 10

Fischart	Fangmenge
Kabeljau	31 119 t
Seelachs	15 967 t
Rotbarsch	13 439 t
Hering	50 942 t
Makrele	21 325 t

Seite 11

1

Bratwurst: 57 g   Pommes: 13 g
Frikadelle: 10 g   Chips: 50 g
Schokolade: 33 g   Erdnüsse: 49 g

2

Stadt	Einwohnerzahl gerundet
Berlin	≈ 3 500 000
Hamburg	≈ 1 700 000
München	≈ 1 200 000
Köln	≈ 1 000 000
Frankfurt/M.	≈ 600 000

3

4

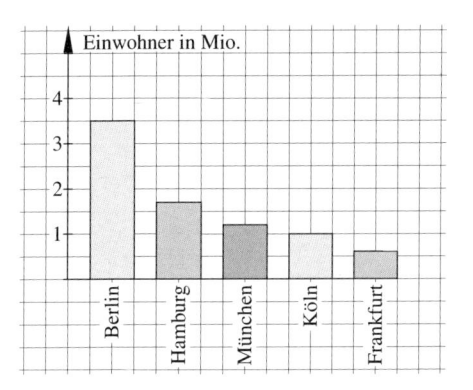

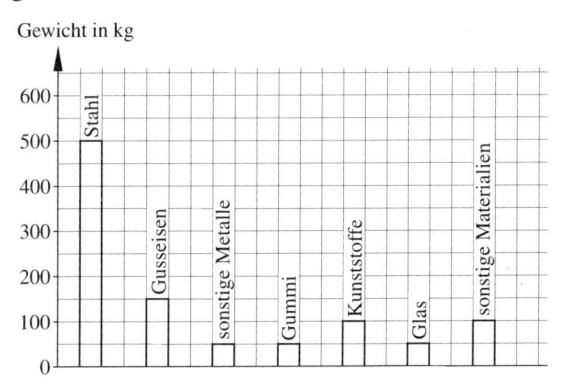

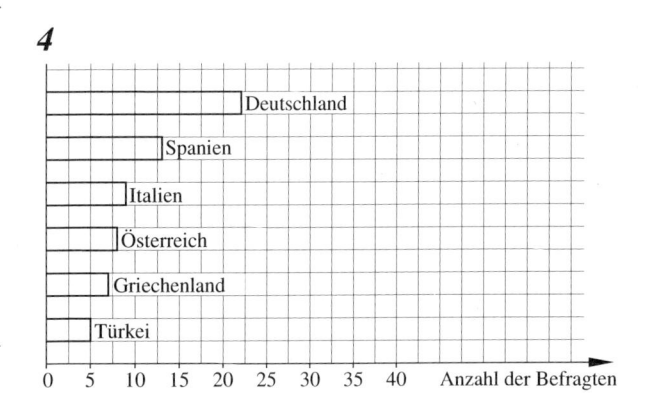

5
Weltbevölkerung in Mio.

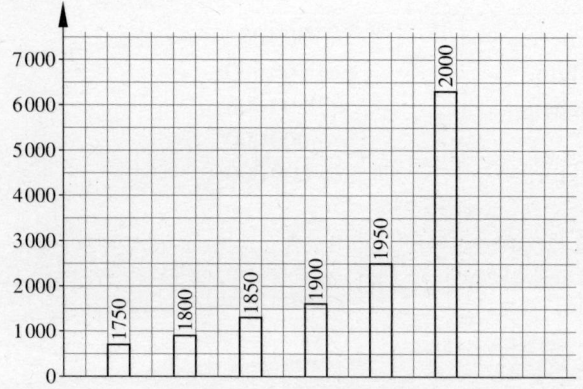

6
Verbrauch in ℓ/100 km

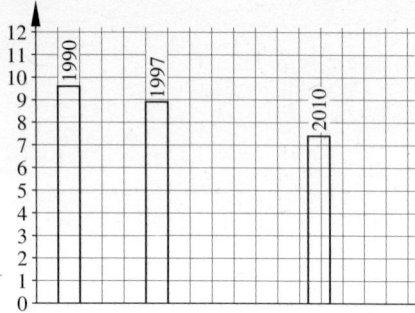

Seite 12

7

a)
Bauwerk	gerundete Höhe
Petronas Towers	450 m
World Trade Center	420 m
Fernsehturm Berlin	370 m
Eiffelturm Paris	300 m
Messeturm Frankfurt	260 m

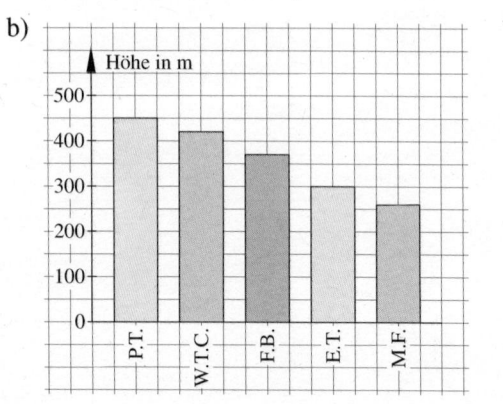

b) Höhe in m

8
a) 1900: 200 Tiere   1970: 500 Tiere
   1980: 900 Tiere   1990: 1 200 Tiere
   2000: 1 600 Tiere

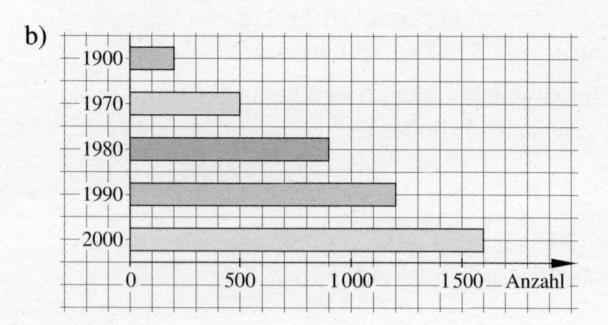

b)

9

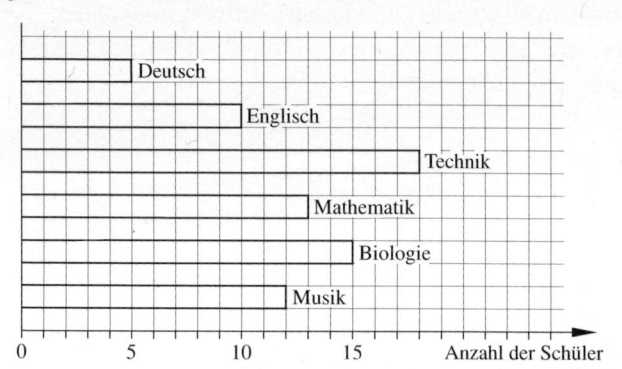

Technik, Biologie, Mathematik

10

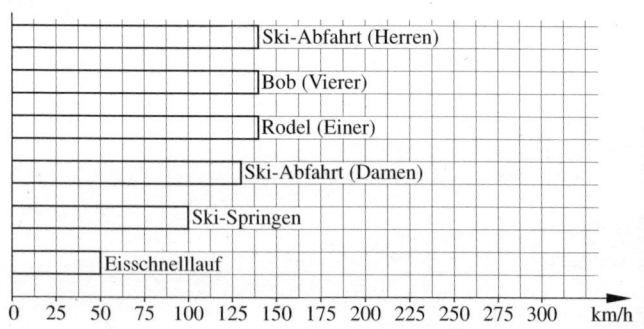

4 Kopfrechnen: Addition und Subtraktion

Seite 13

1. Individuelle Lösung

2. 41 km + 49 km + 46 km + 44 km + 55 km = 235 km

3. Es fehlen noch 64 km bis zum Erreichen der 200-km-Grenze.

Seite 14

1
a) 29; 39; 49; 59; 69; 79
b) 14; 24; 44; 64; 74; 84
c) 30; 50; 60; 70; 90; 110
d) 159; 149; 199; 249; 389; 409

2
a) 23; 43; 83; 93; 103; 93
b) 101; 91; 71; 81; 81; 81

3

+	25	45	55	85
5	30	50	60	90
35	60	80	90	120
145	170	190	200	230
17	42	62	72	102
47	72	92	102	132
217	242	262	272	302
83	108	128	138	168
113	138	158	168	198

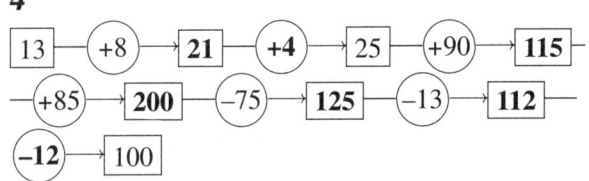

4

13 →(+8)→ 21 →(+4)→ 25 →(+90)→ 115 →(+85)→ 200 →(−75)→ 125 →(−13)→ 112 →(−12)→ 100

5
a) $18 + 7 + 15 + 10 = 50$
$27 + 8 + 15 + 10 = 60$
$33 + 7 + 20 + 18 = 78$
$(44 + 16) + (15 + 25) = 100$
$(27 + 13) + 20 + 85 = 145$

b) $(135 + 65) + (150 + 50) = 400$
$(235 + 65) + (55 + 145) = 500$
$(325 + 75) + (37 + 143) = 580$
$(1\,300 + 700) + (250 + 150) = 2\,400$
$2\,700 + 800 + 500 + 6\,000 = 10\,000$

6
a) 40 kg; 125 m; 150 km; 96 g
b) 200 €; 300 €; 700 €; 475 €

7
a) 17; 17; 333; 45; 45   b) 725; 725; 1 025; 805; 550

8
a) $28 + 8 \cdot 7 = 12 \cdot 7 = 84$
b) $27 + 9 \cdot 9 = 12 \cdot 9 = 108$
c) $18 + 9 \cdot 5 = 7 \cdot 9 = 63$
d) $60 + 6 \cdot 12 = 11 \cdot 12 = 132$
e) $15 + 2 + 3 + 4 + 5 + 6 + 7 + 8 + 9 = 59$
f) $40 + 2 + 4 + 6 + 8 + 10 + 12 + 14 + 16 = 112$
g) $125 + 5 + 10 + 15 + 20 + 25 + 30 + 35 = 265$
h) $125 − 7 \cdot 5 = 90$

Seite 15

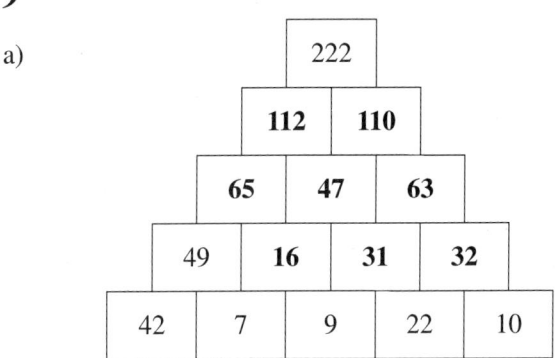

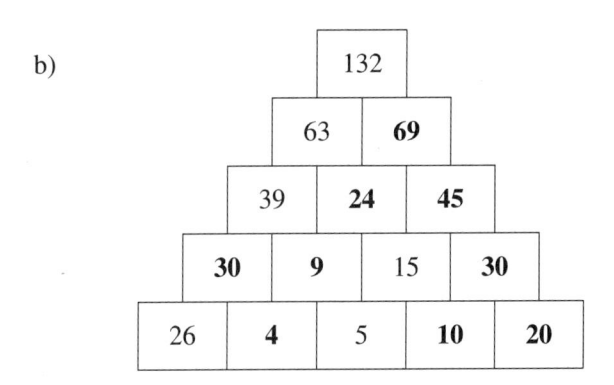

9

a)

		222		
	112		110	
65		47		63
49	16		31	32
42	7	9	22	10

b)

		132		
	63		69	
39		24		45
30	9		15	30
26	4	5	10	20

10
Der zweite Summand ist 170.

11
Die gedachte Zahl ist 170.

12
Die größere Zahl ist 820.

13
a) $500\,\text{cm} − (155\,\text{cm} + 175\,\text{cm}) = 170\,\text{cm}$
Der dritte Freund ist 170 cm groß.
b) $500\,\text{cm} − 155\,\text{cm} − 175\,\text{cm} = 170\,\text{cm}$

14
875 € − (127 € + 298 €) = 450 €
Dem Förderverein bleiben 450 €.

15
a) 248 + 12 = 260
b) 10 500 − 9 300 = 1 200
c) 1 000 000 − 820 000 = 180 000

16
1 + 2 + 3 + ... + 22 + 23 + 24 = 300

17
850 € + (75 € + 75 €) + (80 € + 40 € + 40 €)
+ (90 € + 90 €) = 1340 €

5 Schriftliche Addition und Subtraktion

Seite 16

1. Überschlag: 10 000 − 4 000 = 6 000;   Ergebnis: 5 549
   5 549 m des Mauna Kea liegen unter dem Meeresspiegel.

2. Überschlag: 5 000 + 4 000 = 9 000;   Ergebnis: 8 848
   Der Gipfel der Mt. Everest liegt 8 848 m über dem Meeresspiegel.

Seite 17

1
a) Ü: 800;   E: 777   b) Ü: 900;   E: 966
c) Ü: 900;   E: 903   d) Ü: 7 000;   E: 6 993
e) Ü: 10 500;   E: 10 479   f) Ü: 8 600;   E: 8 631

2
a) Ü: 9 900;   E: 9 955   b) Ü: 11 500;   E: 11 499
c) Ü: 71 000;   E: 71 788   d) Ü: 158 000;   E: 158 768

3
a) Ü: 200;   E: 162   b) Ü: 400;   E: 347
c) Ü: 200;   E: 245   d) Ü: 1 000;   E: 969
e) Ü: 1 200;   E: 1 228   f) Ü: 2 600;   E: 2 628

4
a) Ü: 5 200;   E: 5 188   b) Ü: 9 000;   E: 9 078
c) Ü: 59 000;   E: 58 904   d) Ü: 40 000;   E: 40 595

5
a) Ü: 600;   E: 598   b) Ü: 1 000;   E: 999
c) Ü: 2 800;   E: 2 810   d) Ü: 15 400;   E: 15 438
e) Ü: 28 000;   E: 28 011   f) Ü: 177 000;   E: 177 387
g) Ü: 230 000; E: 235 132   h) Ü: 104 000;   E: 103 891

6
a) Ü: 470;   E: 472   b) Ü: 450;   E: 444
c) Ü: 700;   E: 631   d) Ü: 4 100;   E: 4 106
e) Ü: 3 000;   E: 2 984   f) Ü: 14 000;   E: 14 080

7
a) 1 335   b) 15 899
c) 582 203   d) 17 669
e) 337 099   f) 409 154
g) 69 992   h) 900 000

8
a) 402 407   b) 216 695

Seite 18

9
a) Ü: 310;   E: 311   b) Ü: 56 000;   E: 55 277

10
a) Ü: 2 000;   E: 2 149
b) Ü: 12 600;   E: 12 638
c) Ü: 2 600;   E: 2 633
   Es waren 2 633 l im Tank.
d) Ü: 2 600;   E: 2 590
   Es fehlen 2 590 m.

11
156 km

12
16 766 €

13
267 814

14
222 222 €

6 Kopfrechnen: Multiplikation und Division

Seite 19

1. Mit 2 000 Stufen kann man die Höhe von 400 m erreichen.

2. Man hätte die Höhe von 400 m nach 40 Minuten erreicht.

Seite 20

1
a) 5 · 4 = 20   b) 3 · 6 = 18   c) 6 · 7 = 42
d) 7 · 0 = 0   e) 5 · 11 = 55   f) 6 · 12 = 72
g) 5 · 13 = 65   h) 5 · 15 = 75   i) 3 · 18 = 54

2
a) 12   b) 20   c) 28   d) 24
e) 0   f) 66   g) 72   h) 0
i) 72   j) 144   k) 135   l) 70
m) 52   n) 91   o) 180   p) 225
q) 64   r) 133

3
a) 6   b) 5   c) 5   d) 7   e) 7
f) 6   g) 9   h) 8   i) 8   j) 11

4
a) Die Summe im Ausgangsquadrat beträgt 72.
b)

	· 2			· 4			: 2			: 4	
	144			288			36			18	
24	80	40	48	160	80	6	20	10	3	10	5
64	48	32	128	96	64	16	12	8	8	6	4
56	16	72	112	32	144	14	4	18	7	2	9

5
a) 60   b) 120   c) 36
d) 100   e) 130   f) 56
g) 56   h) 0   i) 48

6
a) 230   b) 32   c) 4 500
d) 84   e) 6 700 000   f) 765
g) 3 710 000   h) 10   i) 1 000
j) 1 000 000   k) 1 000 000 000

7
a) 6 kg   b) 35 t   c) 7 m
d) 72 €   e) 10 km   f) 144 cm
g) 12 €   h) 169 €   i) 80 km

8
a) 7 · 9 = 63
b) 120 : 12 = 10
c) 5 · 8 · 2 = 80
d) 150 : 10 · 10 = 150

Seite 21

9
a) 200; 600; 6 000; 60 000
b) 40; 400; 4 000; 400

10
a) 200   b) 900   c) 6   d) 90
e) 400   f) 500   g) 24 000   h) 36 000

11
a) 300 · 2 = 600   b) 500 · 3 = 1 500
c) 900 : 300 = 3   d) 15 000 · 6 = 90 000
e) 1 800 : 300 = 6

12
Andrea hat in einem Jahr 720 € angespart.

13
Sie muss 30 € pro Monat zurückbezahlen.

14
Auf der Palette sind 432 Flaschen.

15
Das Buch enthält 400 000 Buchstaben.

16
Für 40 Zang erhält man 1 600 Zing.

17
a) addieren   b) subtrahieren
c) multiplizieren   d) dividieren
e) Multiplikation   f) Division

18
a) 14 Gruppen können gebildet werden.

b) Nein, 56 ist nicht ganzzahlig durch 5 teilbar.

19
25 € · 40 € = 1 000 €; 1 048 € − 1 000 € = 48 €
Der Busfahrer hat 48 € Trinkgeld bekommen.

20
a) 25 cm · 18 = 450 cm
   Das Originalauto ist 4,5 m lang.

b) 180 cm : 18 = 10 cm
   Das Modellauto ist 10 cm breit.

21
a) 10 cm · 100 = 1 000 cm
   In Wirklichkeit ist das Haus 10 m breit.

b) 1 200 cm : 100 = 12 cm
   Im Plan beträgt die Länge 12 cm.

7 Schriftliche Multiplikation und Division

Seite 22

1. Die Nord-Süd-Ausdehnung Europas beträgt 3 850 km.

2. Afrika wird von 70 Breitenkreisen überdeckt.

Seite 23

1
a) Ü: 390;   E: 399   b) Ü: 2 600;   E: 2 686
c) Ü: 6 800;   E: 6 878 d) Ü: 6 000;   E: 6 155
e) Ü: 6 900;   E: 6 954 f) Ü: 6 000;   E: 6 186
g) Ü: 166 000; E: 166 840 h) Ü: 104 000;   E: 104 440
i) Ü: 36 000;   E: 39 392 j) Ü: 36 000;   E: 36 240

2
a) Ü: 600;   E: 638   b) Ü: 300;   E: 319
c) Ü: 10 000;   E: 11 972

3
a) Ü: 220 · 4 = 880   kann stimmen
b) Ü: 1 400 · 6 = 8 400   kann nicht stimmen
c) Ü: 2 400 : 4 = 600   kann nicht stimmen
d) Ü: 4 900 : 7 = 700   kann nicht stimmen
e) Ü: 24 000 · 4 = 96 000   kann stimmen
f) Ü: 88 000 : 11 = 8 000   kann stimmen

4
a) Ü: 400;   E: 412
b) Ü: 70 000;   E: 78 516
c) Ü: 60;   E: 64
d) Ü: 380 000;   E: 388 212
e) Ü: 2 000;   E: 2 003
f) Ü: 400 000;   E: 402 804

Korrektur im Arbeitsheft:
c) 1 792;   e) 78 117

5
a) 345 678 € : 2 = 172 839 €
b) 817 kg · 5 = 4 085 kg
c) 82 724 m : 4 = 20 681 m
d) 1 000 000 : 8 = 125 000
e) 78 kg · 110 = 8 580 kg
f) 527 m : 17 = 31 m

6
a) 101; 1 010; 101 010
b) 110 110; 250 250; 360 360; 720 720; 980 980
c) 111 111; 222 222; 444 444; 555 555

Seite 24

7
a) 33 826
b) 18
c) Man muss 23 mit 187 multiplizieren.
d) 248 : 8 = 31;   124 : 4 = 31
   Der Wert des Quotienten ändert sich nicht.

8
a) Er hat bisher 900 € einbezahlt.
b) Man erhält für die Geldanlage Zinsen.

9
34 km/Tag = 170 km/Woche = 7 820 km/Jahr
Frau Winterholler legt in 5 Jahren 39 100 km zurück, ihre Angabe stimmt also.

10
1 200 kg : 16 = 75 kg
Der Aufzughersteller geht von einem Gewicht von 75 kg pro Person aus.

11

$54 \, m^2 \cdot 83 \, €/m^2 = 4\,482 \, €$

Es muss mit 4 482 € Kosten gerechnet werden.

12

$32 \cdot 17 = 544$

Es werden 544 Fliesen benötigt.

13

$8 \cdot 15 \, cm + 7 \cdot 230 \, cm = 1\,730 \, cm$

Die Grundstücksseite ist 1 730 cm lang.

8 Verbindung der Grundrechenarten

Seite 25

Zuerst wird die **Multiplikation** ausgeführt, dann erst wird die **Addition** durchgeführt.

Zuerst wird der Rechenausdruck **in der Klammer** ausgerechnet.

Seite 26

1

a) 10   b) 40   c) 10   d) 12
e) 12   f) 0   g) 0

2

a) 13; 22; 14   b) 40; 32; 80

3

a) 50; 34   b) 114; 50   c) 14; 70

4

a) 18   b) 30   c) 18   d) 12

5

a) $12 \cdot 3 + 8 : 2 = 40$

b) $(28 + 3) \cdot 4 = 200$

c) $35 \cdot 2 - 36 : 6 = 64$

d) $(15 : 3) \cdot (15 - 5) = 60$

6

Die Bestellung hat einen Gesamtwert von 92,00 €.

7

a) 196   b) 94   c) 153   d) 1 000
e) 1 110   f) 7 601   g) 999   h) 1 649
i) 88 182   j) 100   k) 501   l) 77 000

8

Reihe 1–10: $10 \cdot 60 \cdot 4{,}00 \, € = 2\,400 \, €$
Reihe 11–20: $10 \cdot 60 \cdot 5{,}00 \, € = 3\,000 \, €$
Reihe 21–30: $10 \cdot 60 \cdot 6{,}00 \, € = 3\,600 \, €$
Reihe 31–40: $10 \cdot 60 \cdot 7{,}00 \, € = 4\,200 \, €$
Gesamt: $\phantom{10 \cdot 60 \cdot 7{,}00 \, €} = 13\,200 \, €$

9 Vernetzte Aufgaben

Seite 27

1

a) Deutschland ist größer als Italien.

b) Die Differenz beträgt 55 698 km².

2

Die Differenz der Einwohnerzahlen beträgt 24 532 000.

3

Deutschland: 3 000 m   Italien: 4 800 m

4

Die $1\frac{1}{2}$fache Fläche des Gardasees sind 555 km², die Aussage stimmt also.

5

Deutschland: Berlin, Hamburg und München
Italien: Rom, Mailand und Neapel

6

27 304 000 Katholiken leben in Deutschland.

7

Italien hat 45 904 000 katholische Einwohner.

Geometrie: Grundbegriffe

1 Gerade, Halbgerade, Strecke

Seite 29

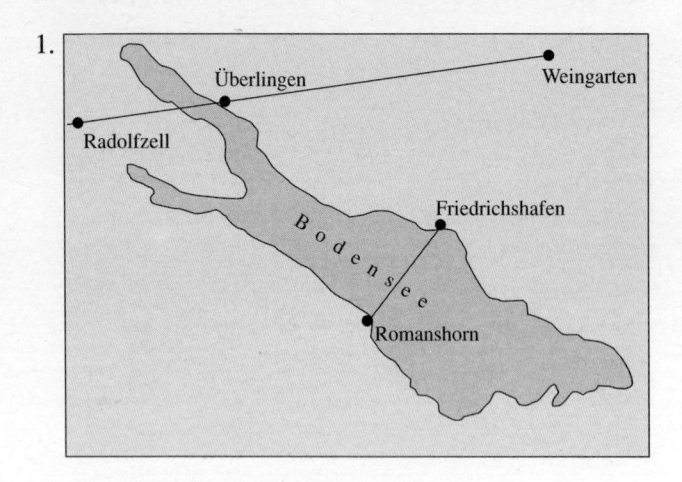

1. (Karte Bodensee)

2. Die Länge der bezeichneten Strecke beträgt 1,5 cm.

3. Die Fähre legt etwa 11 km zurück.

4. 20 km + 9 km + 28 km + 15 km = 72 km

5. Die Straßenverbindung von Friedrichshafen nach Romanshorn ist etwa 6-mal so lang wie die Fährstrecke.

6. Die Länge beträgt auf der Karte 4,5 cm, dies entspricht 34 km in der Natur.

7. (s. a. 1. Aufgabe) Radolfzell

Seite 30

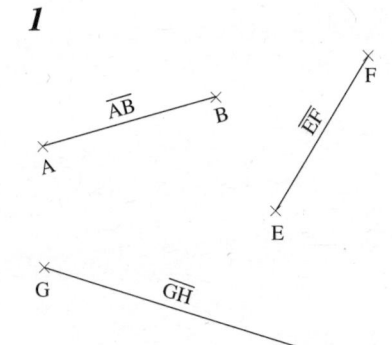

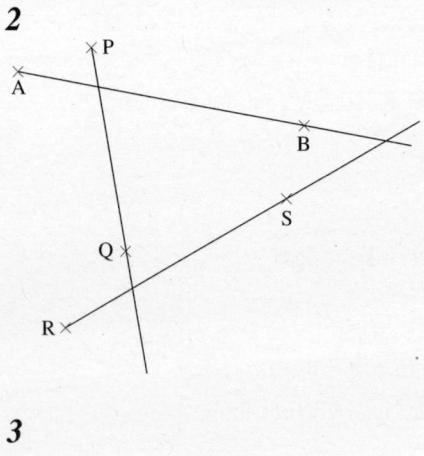

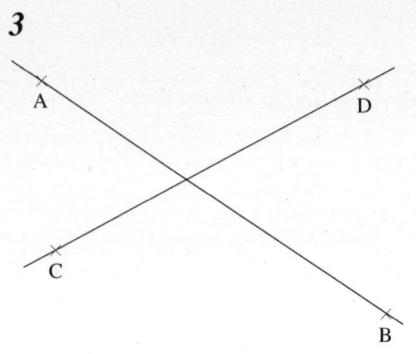

1

2

3

4

Strecken: 3; 8
Halbgeraden: 5; 6
Geraden: 1; 7
Gerade Linien: 1; 3; 5; 6; 7; 8

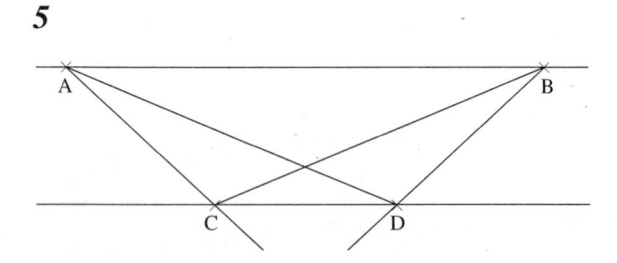

5

6

$\overline{AB}$ = 23 mm $\overline{CD}$ = 40 mm
$\overline{EF}$ = 20 mm $\overline{GH}$ = 34 mm
$\overline{PQ}$ = 13 mm $\overline{RS}$ = 53 mm

7

a)
b)
c)

d) G———GH———H

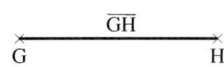

e) P———PQ———Q

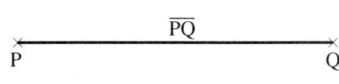

f) R———RS———S

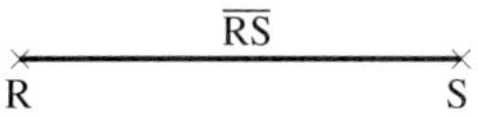

8

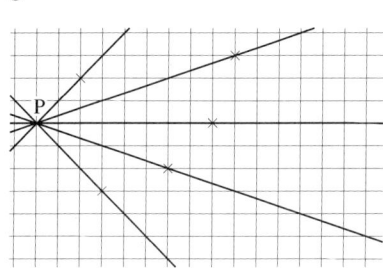

2 Senkrechte und Parallelen

Seite 31

1. Der Schüler E hat die beste Startposition, weil **er die kürzeste Entfernung zum Ring besitzt**.

   Der Schüler H hat die schlechteste Startposition, da er **am weitesten vom Ring entfernt ist**.

2. $\overline{AR} = 5\,\text{cm}$ $\overline{ER} = 4\,\text{cm}$ $\overline{HR} = 6\,\text{cm}$

3. Die Strecke $\overline{SR}$ muss senkrecht zum seitlichen Beckenrand stehen.

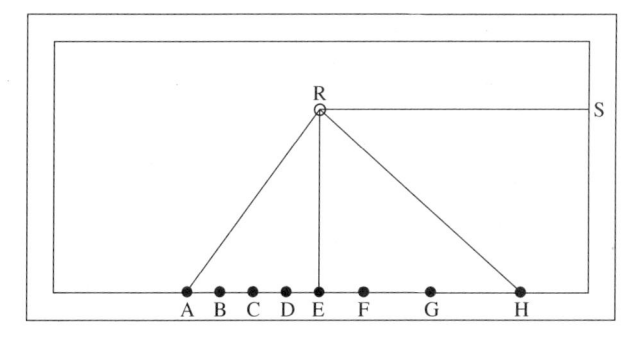

4. Die Strecken verlaufen zueinander parallel.

Seite 32

1

Die Geraden b und e sind senkrecht zu g.

2

Die Geraden a und d sind parallel zu g.

3

a) a ist parallel zu b;   a ∥ b

b) a ist senkrecht zu e;   a ⊥ e

c) c ist parallel zu d;   c ∥ d

d) b ist senkrecht zu e;   b ⊥ e

e) f ist senkrecht zu c;   f ⊥ c

f) d ist senkrecht zu f;   d ⊥ f

4

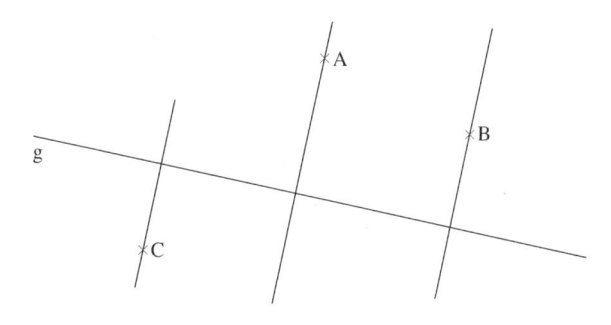

5

Individuelle Lösung.

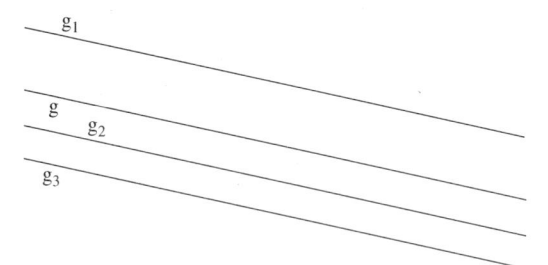

6

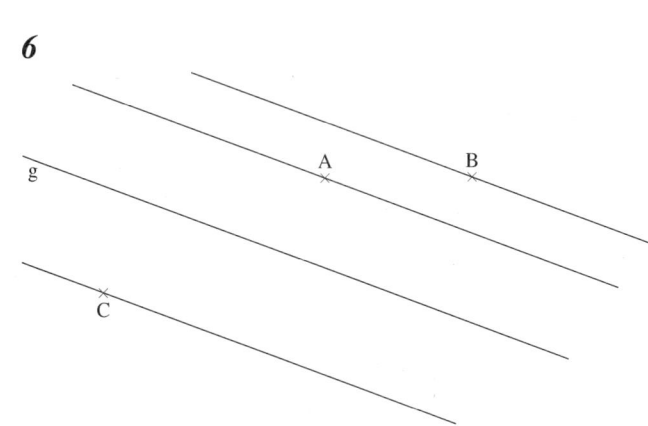

7

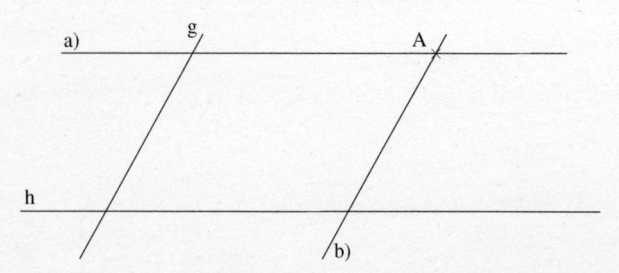

a) ... g ... A
h
b)

8

Individuelle Lösung; vgl. Abb. im Arbeitsheft.

Seite 33

9

A zu g: 18 mm   B zu g: 15 mm
C zu g: 8 mm   D zu g: 12 mm
E zu g: 26 mm   F zu g: 7 mm

10

a) Der Abstand zwischen g und h beträgt 21 mm.

b) Der Abstand zwischen f und s beträgt 16 mm.

11

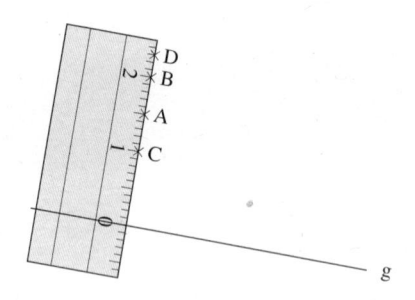

12

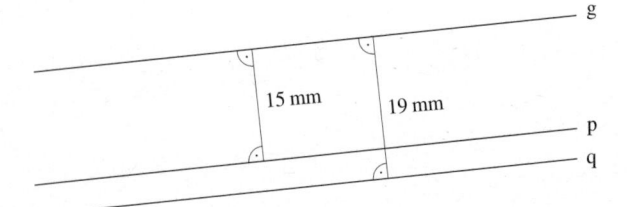

15 mm   19 mm

13

2 cm
2 cm

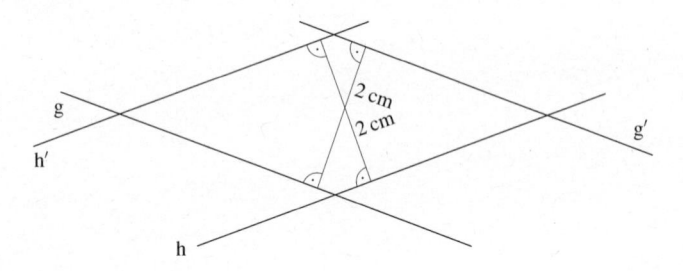

14

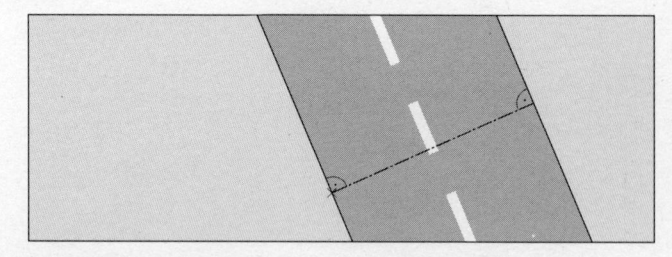

In der Skizze ist die kürzeste Strecke 3 cm.

15

Individuelle Lösung; vgl. Abb. im Arbeitsheft.

16

Individuelle Lösung; vgl. Abb. im Arbeitsheft.

3 Achsensymmetrische Figuren

Seite 34

1. Schmetterling C

2. Sie besitzen unterschiedlich geformte (unsymmetrische) Flügelpaare.

3. Die Figuren a, c und e lassen sich auf ähnliche Weise erzeugen.

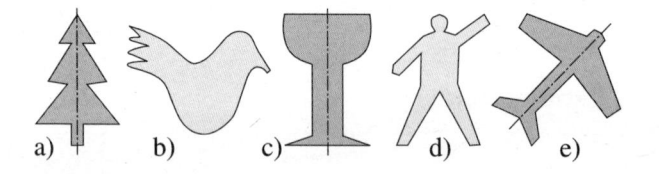

a)   b)   c)   d)   e)

Seite 35

1

a) ja   b) nein
c) nein   d) ja
e) ja   f) nein

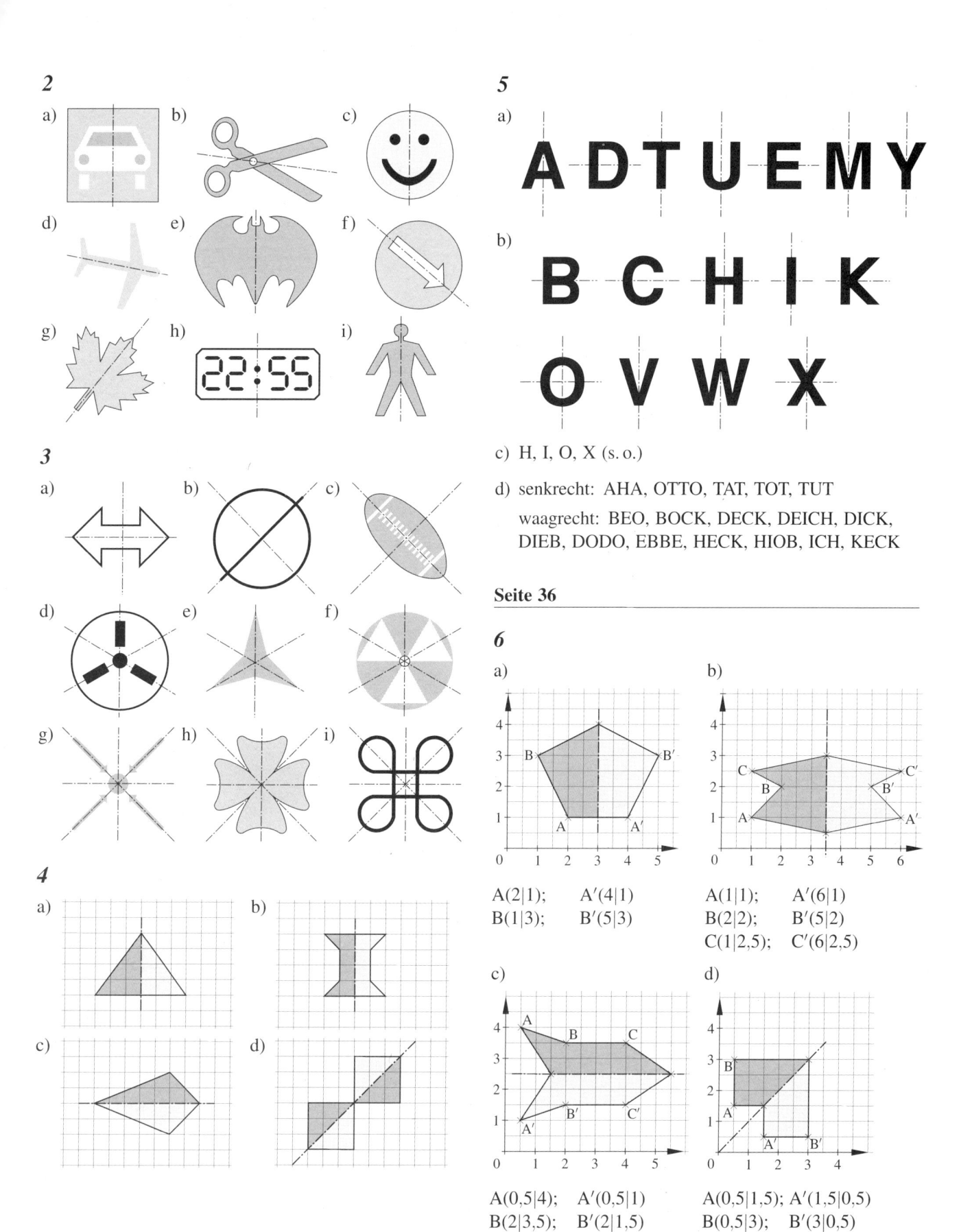

2

a) b) c) d) e) f) g) h) i)

3

a) b) c) d) e) f) g) h) i)

4

a) b) c) d)

5

a) A D T U E M Y

b) B C H I K

O V W X

c) H, I, O, X (s. o.)

d) senkrecht: AHA, OTTO, TAT, TOT, TUT
waagrecht: BEO, BOCK, DECK, DEICH, DICK, DIEB, DODO, EBBE, HECK, HIOB, ICH, KECK

Seite 36

6

a)
A(2|1);   A′(4|1)
B(1|3);   B′(5|3)

b)
A(1|1);   A′(6|1)
B(2|2);   B′(5|2)
C(1|2,5); C′(6|2,5)

c)
A(0,5|4);   A′(0,5|1)
B(2|3,5);   B′(2|1,5)
C(4|3,5);   C′(4|1,5)

d)
A(0,5|1,5); A′(1,5|0,5)
B(0,5|3);   B′(3|0,5)

7

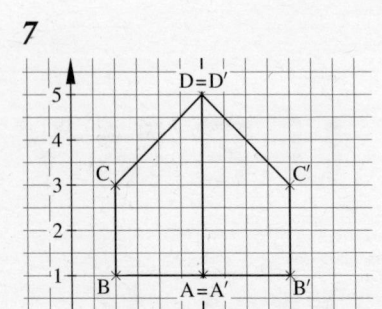

8

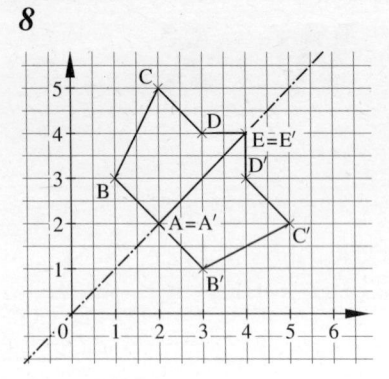

4 Vierecke

Seite 37

1. Das **Rechteck** und das **Quadrat** haben senkrecht aufeinander stehende Seiten.

2. Zwei parallele Seitenpaare haben **Rechteck**, **Quadrat**, **Parallelogramm** und **Raute**.

   Ein paralleles Seitenpaar haben **Trapez** und **gleichschenkliges Trapez**.

3. Alle 4 Seiten sind gleich lang: 2, 9.

   Je 2 gegenüberliegende Seiten sind gleich lang: 2, 6, 7, 9.

   Je 2 benachbarte Seiten sind gleich lang: 1, 2, 9.

Seite 38

1

b), g) Quadrat
c) Rechteck
a), d) Raute
f), i) Parallelogramm
h) gleichschenkliges Trapez
e) Drachen
j) (kann nicht zugeordnet werden)

2

a) Das Parallelogramm hat keine Symmetrieachse.

b)

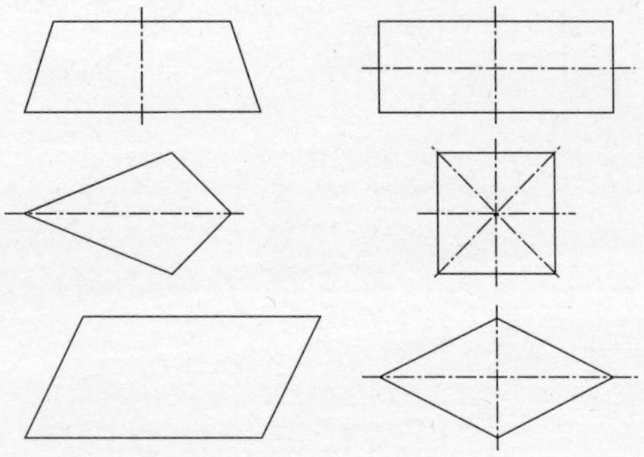

3

a) Rechteck
b) gleichschenkliges Trapez
c) Drachen
d) Raute

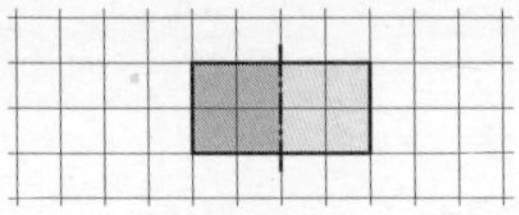

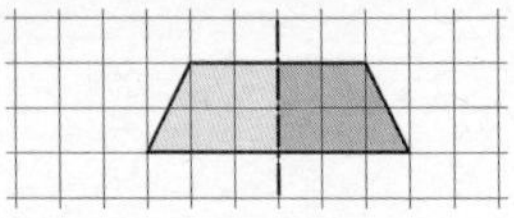

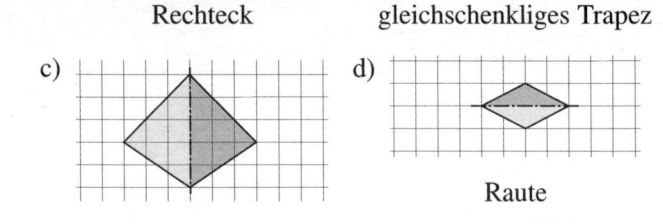

4

a) b) 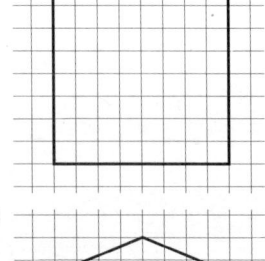 c) 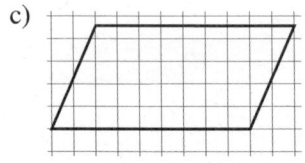 d)

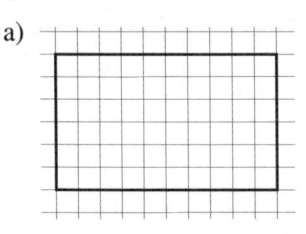

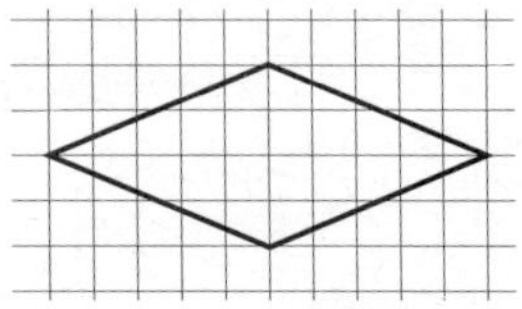

5

a) 3 große und 4 kleine Quadrate

b) 1 großes, 1 mittleres und 4 kleine Quadrate

Seite 39

6

Alle 4 Seiten sind gleich lang: Quadrat, Raute.

Benachbarte Seiten sind zueinander senkrecht: Quadrat, Rechteck.

Gegenüberliegende Seiten sind zueinander parallel: Quadrat, Rechteck, Raute, Parallelogramm.

7

a) ① Quadrat
② Raute

b) ① Rechteck
② Parallelogramm
③ Drachen

8

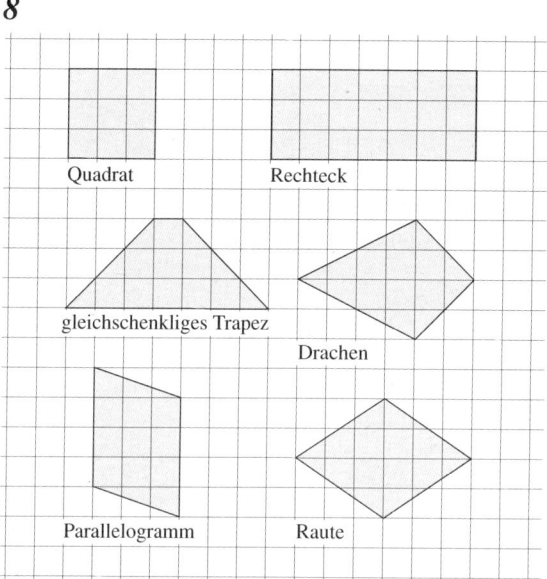

Quadrat, Rechteck, gleichschenkliges Trapez, Drachen, Parallelogramm, Raute

9

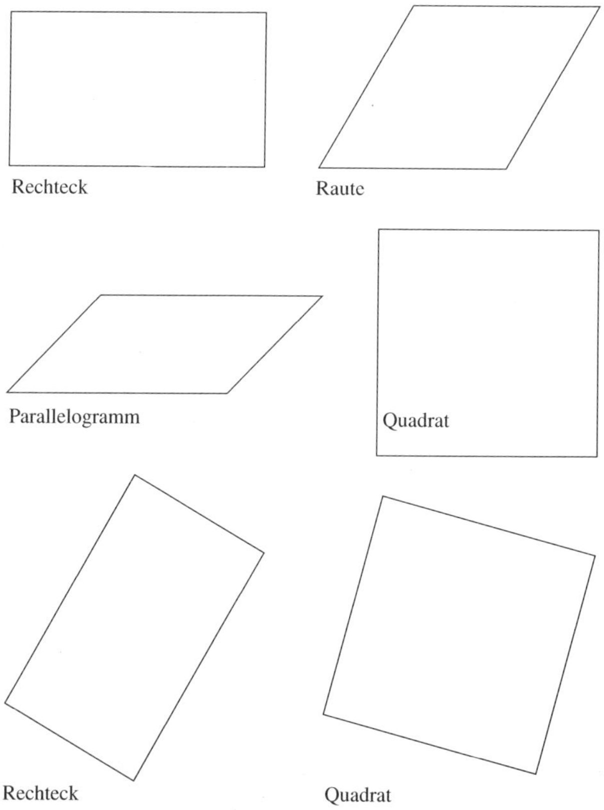

Rechteck, Raute, Parallelogramm, Quadrat, Rechteck, Quadrat

10

a) Raute

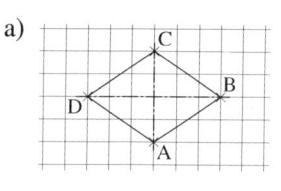

b) Drachen

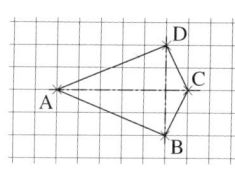

11

a)

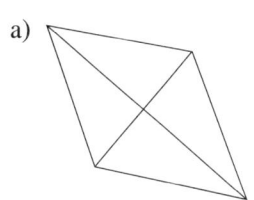

b)

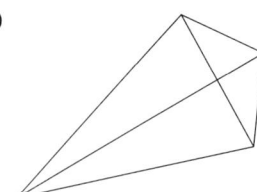

5 Umfang und Flächeninhalt von Quadrat und Rechteck

Seite 40

1. Die jeweils gegenüberliegenden Seiten des Spielfeldes haben dieselbe Farbe.

2. Links: Die Längen der Seiten werden aufsummiert.
Rechts: Die Länge und Breite des Spielfeldes wird addiert und die Summe dann verdoppelt.

3. Es werden 45 Platten benötigt.
Da der Flächeninhalt einer Platte $1\,m^2$ ist, beträgt somit der Flächeninhalt des gesamten Spielfeldes $45\,m^2$.

4. $(9 \cdot 5)\,m^2 = 45\,m^2$

Seite 41

1

a) $A = 12\,cm^2$; $u = 14\,cm$

b) $A = 16\,cm^2$; $u = 16\,cm$

c) $A = 21\,cm^2$; $u = 20\,cm$

2

a) $u_R = 16\,cm$ b) $u_R = 100\,km$

c) $u_Q = 36\,m$ d) $u_Q = 180\,mm$

3

$u_R = 2 \cdot (a + b) = 2 \cdot (49\,m + 21\,m) = 2 \cdot (70\,m) = 140\,m$
$u_Q = 4 \cdot a = 4 \cdot 40\,m = 160\,m$

4

$u_R = 2 \cdot (a + b) = 2 \cdot (25\,cm + 15\,cm) = 2 \cdot (40\,cm) = 80\,cm$

5

	a)	b)	c)	d)	e)
Länge	8 dm	32 mm	4,5 m	**25 cm**	**6,5 km**
Breite	4 dm	8 mm	6,5 m	25 cm	5 km
Umfang	**24 dm**	**80 mm**	**22 m**	100 cm	23 km

6

a) 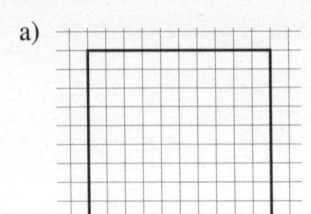 b) 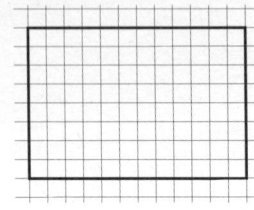 c) 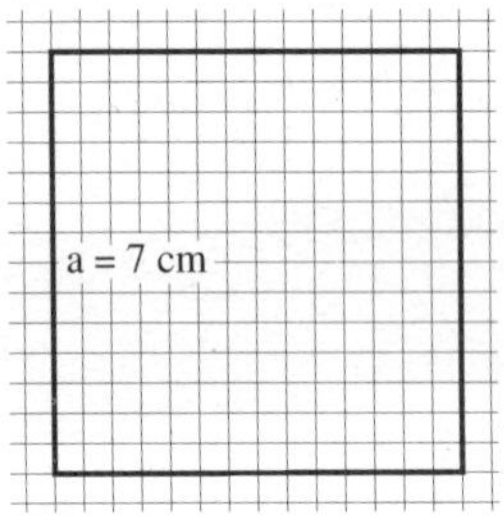 (Quadrat mit $a = 7\,cm$)

d) Individuelle Lösung: zum Beispiel Seitenlängen 1 cm und 11 cm, 2 cm und 10 cm, 3 cm und 9 cm, ...

7

a) $u_Q = 4 \cdot a$
   $= 4 \cdot 17\,cm = 68\,cm$

b) $u_R = 2 \cdot (a + b)$
   $= 2 \cdot (13\,mm + 15\,mm) = 56\,mm$

c) $u_R = 2 \cdot (a + b)$
   $= 2 \cdot (15\,dm + 29\,dm) = 88\,dm$

8

a) Umfang des Handballfeldes:
   $u_H = 2 \cdot (30\,m + 60\,m) = 180\,m$
   Umfang des Fußballfeldes:
   $u_F = 2 \cdot (110\,m + 70\,m) = 360\,m$

b) Fußballer: $5 \cdot 360\,m = 1\,800\,m$
   Handballer: $10 \cdot 180\,m = 1\,800\,m$
   Sie haben beide die gleichen Strecken zurückgelegt.

c) $3 \cdot 360\,m = 1\,080\,m$; $1\,080\,m : 180\,m = 6$
   Die Handballer müssen 6 Runden laufen.

Seite 42

9

	Länge	Breite	Flächeninhalt
a)	8 dm	7 dm	**56 dm²**
b)	3 m	12 m	**36 m²**
c)	15 mm	5 mm	**75 mm²**
d)	7 cm	**8 cm**	56 cm²
e)	**13 m**	6 m	78 m²
f)	**11 dm**	11 dm	121 dm²
g)	13 cm	**9 cm**	117 cm²
h)	12 mm	12 mm	**144 mm²**
i)	**7 cm**	15 cm	105 cm²
j)	10 cm	100 cm	**1 000 cm²**
k)	9 m	**9 m**	81 m²

10

a) $A_Q = a \cdot a$
   $= 4\,m \cdot 4\,m = 16\,m^2$
   $A_R = a \cdot b$
   $= 5\,m \cdot 3\,m = 15\,m^2$
   Zimmer 1 ist das größere.

b) $A_W = A_R - A_F = a \cdot h - A_F$
   $= 4\,m \cdot 2,5\,m - 2\,m^2 = 8\,m^2$
   Die zu verkleidende Fläche beträgt $8\,m^2$.

11

a) $b = 3\,cm$

b) $a = 4\,cm$

c) $(a = 1\,cm, b = 24\,cm)$ oder $(a = 2\,cm, b = 12\,cm)$ oder $(a = 3\,cm, b = 8\,cm)$ oder $(a = 4\,cm, b = 6\,cm)$

12

a) $A_Q = 64\,cm^2$ b) $A_R = 91\,dm^2$ c) $A_Q = 144\,m^2$
d) $A_R = 165\,mm^2$ e) $A_Q = 81\,m^2$ f) $A_R = 104\,m^2$

13

a) Lisa: $2 \cdot 30\,m + 2\,m = 62\,m$
   Kurt: $4 \cdot 8\,m - 2\,m = 30\,m$
   Lisa hat den längeren Randstreifen zu bearbeiten.

b) Lisa: $2\,m \cdot 30\,m = 60\,m^2$
   Kurt: $8\,m \cdot 8\,m = 64\,m^2$
   Kurt hat die größere Fläche zu kehren.

c) Lisa: $60 : 4 = 15$
   Kurt: $64 : 4 = 16$
   Lisa braucht ca. 15 min und Kurt 16 min zum Kehren.

6 Geometrische Körper

Seite 43

Milchtüte: Quader
Margarine: Würfel
Konservendose: Zylinder
Eistüte: Kegel

Seite 44

1

Zylinder: Walze, Baumstamm
Pyramide:
Kugel: Fußball, Globus, Murmel
Kegel: Schultüte, Bleistiftspitze
Quader: Schuhkarton, Streichholzschachtel

2

a) 6 Flächen, 8 Ecken, 12 Kanten
b) 1 Spitze, 8 Kanten, 5 Flächen
c) 3 Flächen, 0 Ecken, 2 Kanten
d) 2 Flächen, 1 Spitze, 1 Kante

3

Bauwerk 1 besteht aus: Quader und Dreiecksprisma.
Bauwerk 2 besteht aus: Würfel, Pyramide, Zylinder und Kegel.
Bauwerk 3 besteht aus: Kegel, Zylinder, Halbkugel, Quader, Pyramide, Würfel und Dreiecksprisma.

4

a) Kegel
b) Kugel
c) Dreiecksprisma
d) Pyramide, Dreiecksprisma
e) Würfel, Quader
f) Zylinder, Kegel
g) Würfel
h) Zylinder
i) Dreiecksprisma
j) Zylinder
k) Kegel
l) Pyramide, Dreiecksprisma

5

A + G; Pyramide
B + H; Kugel
C + F; Würfel
D + E; Kegel

Seite 45

6

	Kanten	Ecken
Würfel	12	8
Quader	12	8
Dreiecksprisma	9	6
Pyramide	8	5

7

Lara: Würfel, Quader
Jürgen: Kugel
Ines: Dreiecksprisma
Eva: Würfel, Quader

8

a) Zylinder
b) Pyramide
c) Kegel
d) Dreiecksprisma

9

a) Würfel
b) Würfel
c) Pyramide
d) Dreiecksprisma
e) Dreiecksprisma
f) Kugel

10

a) $12 \cdot 5\,cm = 60\,cm$
b) $12 \cdot 13\,cm = 156\,cm$
c) $4 \cdot (4\,cm + 7\,cm + 5\,cm) = 64\,cm$
d) $4 \cdot (9\,cm + 3\,cm + 2\,cm) = 56\,cm$

7 Würfel und Quader und deren Netze

Seite 46

1. Ein Würfel ist ein geometrischer **Körper**. Er wird von 6 **Flächen** begrenzt. Sie haben die Form von **Quadraten**. Der Würfel besitzt 8 **Ecken** und 12 **Kanten**.

2. Man kann mit der Streichholzschachtel nur schlecht würfeln, da nicht alle Flächen gleich groß sind.

3. Eine Streichholzschachtel hat die Form eines **Quaders**. Dieser wird von 6 Flächen begrenzt. Sie haben die Form von **Rechtecken**. Ein Quader besitzt 8 **Ecken** und 12 **Kanten**.

Seite 47

1

a) Würfel
b) Würfel, Quader
c) Würfel, Quader
d) Würfel, Quader
e) Würfel, Quader
f) Würfel
g) Würfel, Quader

2

Der Draht muss 200 cm lang sein.

3

Kantenlänge	a) 2 cm	b) 3 cm	c) 4 cm
Anzahl	8	27	64

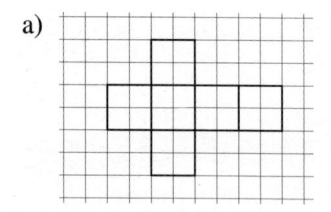

4

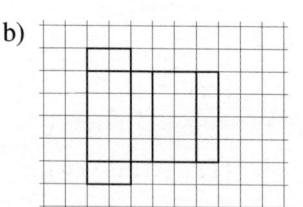

5

Netze a), b), d) und e) lassen sich zu Würfeln zusammenfalten.

Seite 48

6

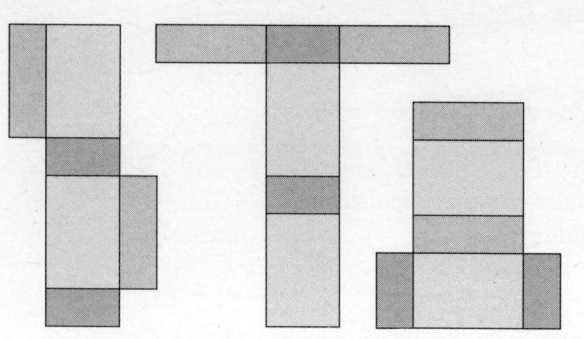

7

a), c), e)

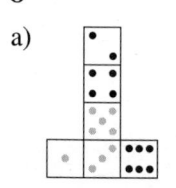

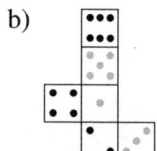

8

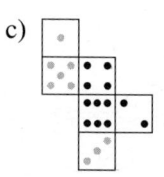

9

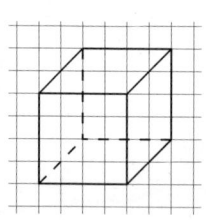

10

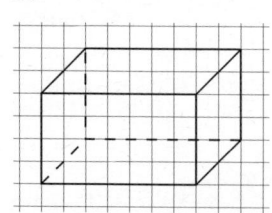

11

a)

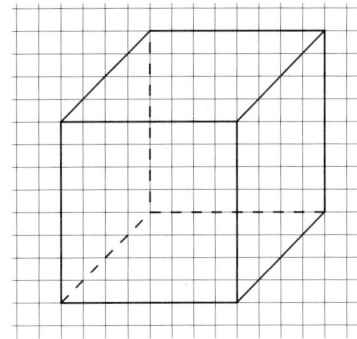

b) a = 6 cm

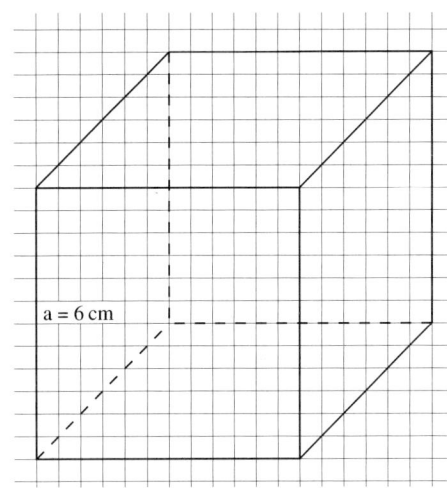

12

a) 3 Würfel mit der Seitenlänge 12 cm.

b) Das Reststück hat die Form eines Quaders.

13

a) 6 · 10 cm · 10 cm = 600 cm²
Evi benötigt 600 cm² Papier.

b) 25 cm · 30 cm = 750 cm², d. h. das Papier reicht nicht nur, sondern Evi kann auch 6 ganze Stücke ausschneiden (2 in der Breite und 3 in der Länge).

c) 8 · 10 cm + 50 cm = 130 cm
Das Geschenkband muss mindestens 130 cm lang sein.

8 Vernetzte Aufgaben

Seite 49

1

Die Pyramide hat eine quadratische Grundfläche.

2

Man legt 920 m zurück.

3

Die Grundfläche der Pyramide ist ca. 10-mal so groß.

4

Die Pyramide ist 147 m hoch.

5

Die Pyramide besteht aus 105 Stufen.

6

Das Gesamtgewicht der Steine beträgt 6 250 000 000 kg.

Seite 50

7

Fläche A: 15 cm²   Fläche B: $7\frac{1}{2}$ cm²

8

a) 720   b) 1 600   c) 3 000

9

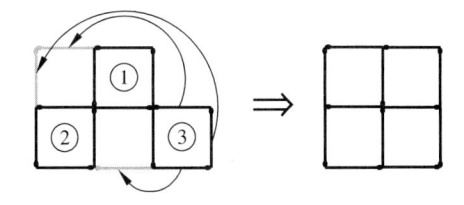

10

a) B   b) B   c) B   d) A   e) B   f) A

11

a)

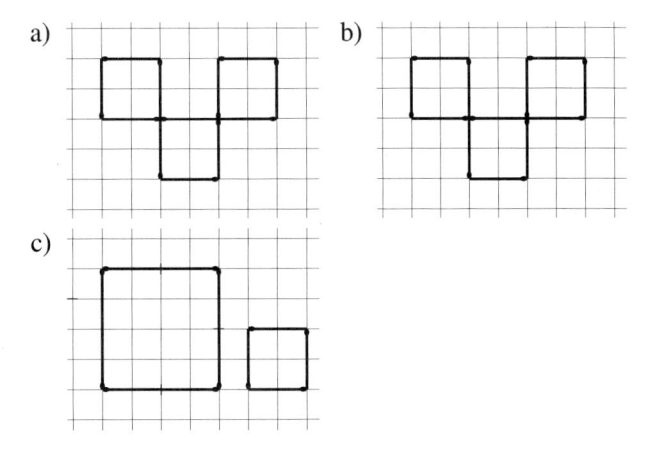

b)

c)

12
(fehlt)

Seite 51

13

Die Jahreszahl lautet: 877.

14
a) Quader, Pyramide und Dreiecksprisma
b) Es fallen 42 900 € Materialkosten an.

15

Kirchenraum	u	A
Turm	20 m	25 m²
Seitenschiff	56 m	75 m²
Mittelschiff	64 m	240 m²
Empore	46 m	90 m²
Altarraum	34 m	60 m²

Größen, Rechnen mit Größen

1 Längen, Rechnen mit Längen

Seite 53

1. Guppy: 6 cm; Neon: 4 cm

2. a) 5 Guppys haben eine Gesamtlänge von 30 cm.
   b) Die 5 Guppys benötigen 30 l Wasser.
   c) Den Neonfischen stehen noch 40 l Wasser zur Verfügung.

3. Zwergbärblinge besitzen eine Länge von 1,5 cm.

Seite 54

1
Länge des Tafellineals: 1 m
Höhe der Zimmertür: 2 m
Breite der Wandtafel: 4 m
Länge des Bleistiftes: 15 cm
Höhe einer Schulbank: 7 dm
Länge einer Nähnadel: 45 mm

2
a) 5 cm b) 18 dm c) 2,6 m
d) 46 km e) 6 km f) 3 190 cm
g) 73 000 m h) 8 900 cm i) 5 410 000 m

3

gem. Schreibweise	cm	mm	Kommaschreibweise
54 cm 8 mm	54	8	54,8 cm
7 cm 3 mm	7	3	7,3 cm
400 cm 6 mm	400	6	**400,6 cm**
18 cm 7 mm	18	7	18,7 cm
87 cm 2 mm	87	2	87,2 cm
0 cm 9 mm	0	9	**0,9 cm**

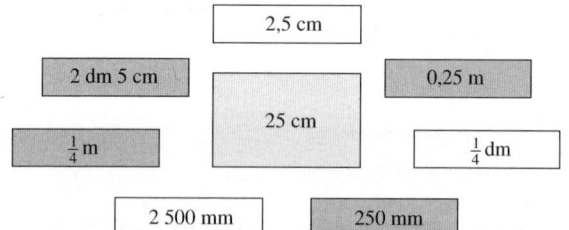

4
2,5 cm
2 dm 5 cm
0,25 m
25 cm
$\frac{1}{4}$ m
$\frac{1}{4}$ dm
2 500 mm
250 mm

5
a) 12 dm > 112 cm b) $\frac{3}{4}$ dm < 75 cm
c) 8 080 m < 8,899 km d) 2 500 m = $2\frac{1}{2}$ km
e) $4\frac{1}{4}$ m = 4 m 25 cm f) 3,303 km > 3 033 m

6
a) richtig b) falsch
c) richtig d) falsch
e) richtig f) richtig
g) richtig

7
a) km b) cm c) mm d) m

8

a) $7\,\text{km}\,500\,\text{m} < 8\,000\,\text{m} < 8\frac{1}{2}\,\text{km} < 8{,}800\,\text{km}$

b) $7\,\text{dm}\,6\,\text{cm} < 705\,\text{cm} < 750\,\text{cm} = \frac{3}{4}\,\text{m} < 7{,}55\,\text{m}$

c) $0{,}50\,\text{dm} < 5{,}4\,\text{cm} < 55\,\text{mm} = 5\frac{1}{2}\,\text{cm} < 5\,\text{cm}\,6\,\text{mm}$

9

a) 25 236 dm b) 71 174 m
c) 449 m d) 3 529 132 m
e) 753 432 m f) 1 451 657 m

10

a) 704 m b) 704 m c) 704 m
d) 789 km e) 657 m f) 151 848 m

Seite 55

11

Der Höhenunterschied beträgt 5 885 m.

12

Sie sind 116 km gefahren.

13

Die Felswand ist etwa 1 320 m entfernt.

14

Sie benötigen 4 Stunden.

15

Hörnum – Westerland	Karte: 5 cm	Natur: 20 km
Westerland – Wenningstedt	Karte: $\frac{1}{2}$ cm	Natur: 2 km
Wenningstedt – List	Karte: $3\frac{1}{2}$ cm	Natur: 14 km
Westerland – Kampen	Karte: $1\frac{1}{2}$ cm	Natur: 6 km
Kampen – Keitum	Karte: $1\frac{1}{2}$ cm	Natur: 6 km

2 Flächeninhalte, Rechnen mit Flächeninhalten

Seite 56

1.

Bereich	Seitenlänge	Flächeninhalt	m²
Frankfurt City	**1 000 m**	…	1 km²	**1 000 000 m²**
Römerplatz	**100 m**	…	1 ha	10 000 m²
Römer	**10 m**	…	1 a	**100 m²**

2. 1 a = 100 m²; 1 ha = 100 a; 1 km² = 100 ha

Seite 57

1

Fußballfeld: 1 ha
Tischtennisplatte: 4 m²
Buchseite: 6 dm²
Briefmarke: 400 mm²
Bundesland Berlin: 891 km²

2

a) 4 cm²; 4 dm²; 4 m²

b) 900 mm²; 90 000 mm²; 9 000 000 mm²

c) 7 a; 70 ha; 700 km²

d) 10 000 m²; 100 000 m²; 1 000 000 m²

3

75 ha	=	750 000 m²
17 a	=	1 700 m²
73 a	=	7 300 m²
9 km²	=	9 000 000 m²
7 ha	=	70 000 m²
8 ha	=	80 000 m²
910 a	=	91 000 m²
10 km²	=	10 000 000 m²

Korrektur im Arbeitsheft:
Wenn du alle Größen addierst, erhältst du einen Flächeninhalt von 10 km².

4

a) 44 ha = 4 400 a = 440 000 m²

b) 5 dm² = 500 cm² = 50 000 mm²

c) 120 km² = 12 000 ha = 1 200 000 a

d) 2 600 000 ha = 26 000 000 000 a

e) 480 000 000 km² = 4 800 000 000 000 a

f) 522 000 000 cm² = 5,22 ha

5

a) 65 dm² > 6 050 cm² > 5 600 cm²

b) 45 km² > 4 050 ha > 400 500 a

6

a) 53 cm² – 200 mm² = **5 100 mm²**

b) 4 ha + **2 600 a** = 30 ha

c) 35 cm² + 5 dm² + **65 cm²** = 600 cm²

d) 50 000 a – **300 ha** = 2 km²

e) 2 dm² + **55 cm²** + 4 500 mm² = 300 cm²

f) 2 500 ha + 2 km² – 10 000 a = **26 km²**

7

a) m^2 b) cm^2 c) m^2
d) mm^2 e) km^2 f) cm^2

8

a) $900\,cm^2$; $7\,800\,cm^2$; $3\,cm^2$; $444\,cm^2$

b) $300\,dm^2$; $23\,dm^2$; $3\,300\,dm^2$; $1\,218\,dm^2$

c) $700\,m^2$; $0{,}18\,m^2$; $520\,000\,m^2$; $83\,400\,m^2$

d) $300\,a$; $680\,a$; $1\,200\,a$; $1\,467\,a$

e) $500\,ha$; $14\,ha$; $60\,ha$; $503\,ha$

f) $2\,km^2$; $5\,400\,km^2$; $3\,000\,km^2$; $39\,km^2$

9

a) $1\,570\,dm^2$

b) $1\,721\,mm^2$

c) $24\,552\,ha$

d) $31\,922\,m^2$

e) $35\,078\,cm^2$

f) $172\,ha = 17\,200\,a$

Korrektur im Arbeitsheft:
d) $34\,678\,m^2$ statt $34\,678\,km^2$.

10

a) $578\,m^2$ b) $38\,cm^2$

c) $23\,829\,mm^2$ d) $74\,km^2$

e) $10\,032\,ha$ f) $302\,a$

g) $1\,966\,510\,cm^2$ h) 45

i) $2\,308\,600\,a$ j) 58

Seite 58

11

a) Die Anlage wird um $480\,m^2$ vergrößert.

b) Die Restfläche beträgt $110\,m^2$.

12

Die Klasse betreut eine Gesamtfläche von $36\,m^2$.

13

a) Der Flächenunterschied beträgt $35\,762\,000\,km^2$.

b) Die Fläche der Ozeane beträgt $360\,997\,000\,km^2$.

c) $8\,800\,000\,000$ Eishockeyfelder sind so groß wie die Antarktis.

14

Der Flächenunterschied beträgt $70\,144\,km^2$.

15

$1\,300\,m^2 : 5\,m^2 = 260$

Der Schulhof bietet maximal 260 Schülern genügend Platz.

16

$350\,m^2 - 240\,m^2 = 110\,m^2$

Es bleiben noch $1\,a$ und $10\,m^2$.

17

$5 \cdot (1\,200\,m^2 - 80\,m^2) : 14\,m^2 = 400$ Stellplätze

Korrektur im Arbeitsheft:
$80\,m^2$ statt $60\,m^2$.

3 Gewichte, Rechnen mit Gewichten

Seite 59

1. Tinas Schulranzen darf höchstens $4\,kg$ wiegen.

2. Tinas Schulsachen wiegen $2{,}7\,kg$.

3. Tinas voller Schulranzen wiegt nur $3{,}7\,kg$, sie kann also alles mitnehmen.

Seite 60

1

Das Lösungswort lautet: PRIMA.

Korrektur im Arbeitsheft:
Die Reihenfolge der Gewichtsangaben ist v. o. n. u.:
$350\,g$, $40\,kg$, $4\,kg$, $900\,g$, $3\,g$.

2

gem. Schreibweise	kg	g	Kommaschreibweise
8 kg 500 g	8	500	8,500 kg
15 kg 432 g	15	432	**15,432 kg**
0 kg 880 g	0	880	**0,880 kg**
40 kg 78 g	40	78	40,078 kg

3

a) $300\,g < 3\,kg$ b) $7\,007\,kg > 7\,t$

c) $1\,kg\ 500\,g = 1\,500\,g$ d) $4\,500\,g > 4\,kg\ 50\,g$

e) $63\,t > 6\,300\,kg$ f) $9\,kg\ 9\,g < 9{,}900\,kg$

4

a) $\frac{3}{4}$ kg = 750 g b) $8\frac{1}{2}$ kg = 8 500 g
c) 4 kg = 4 000 g d) 6 kg 50 g = 6 050 g
e) 0,006 t = 6 000 g f) 0,450 kg = 450 g
g) $9\frac{1}{4}$ kg = 9 250 g h) 5 kg = 5 000 g

Korrektur im Arbeitsheft:
c) und f) enthalten falsche Werte. Die Waage ist bei 20 000 g im Gleichgewicht.

5

a) falsch b) richtig
c) falsch d) richtig
e) richtig f) falsch
g) falsch h) falsch

6

a) t b) kg c) g
d) g e) kg f) kg

7

a) 7 000 g; 500 g; 3 750 g; 70 025 g
b) 9 kg; 7 000 kg; 8 500 kg; 6 000,500 kg
c) 3 t; 0,800 t; 0,006 t; 9,500 t
d) 0,007 kg; 100 003 kg; 101 kg; 66,666 kg

8

a) $2\frac{1}{4}$ kg < 2 400 g < 2 kg 700 g
b) 7 kg 500 g < 7,600 kg < 705 kg < $\frac{3}{4}$ t
c) 1 t 400 kg < $1\frac{1}{2}$ t < 1 550 kg
d) 0,008 t < 8 kg 705 g < 8,750 kg

9

a) 376 950 g b) 81 122 kg
   46 135 kg   647 748 g
   12 376 t   133 164 g
   589 kg   19,55 t

Seite 61

10

a) Die Elefantenfamilie wiegt 12 990 kg.
b) Sie darf zusammen transportiert werden, da das zulässige Gesamtgewicht von 15 800 kg nicht überschritten wird.

11

Mikes Mutter muss 4 Päckchen kaufen.

12

a) Bantam: 51 kg 300 g; 53,5 kg
   Feder: 61 kg
   Leicht: 63,78 kg; 65,25 kg
   Welter: 67,45 kg; 69,99 kg; 72 kg
   Mittel: 73,56 kg; 77,75 kg
   Halbschwer: 80,8 kg; 85,5 kg; 87 kg
   Schwer: 88,36 kg

b) Toni muss 4,750 kg abnehmen.

13

5 250 g muss Lena nach Hause tragen.

14

Der Heuvorrat reicht 30 Tage.

15

Ein Chinese isst $54\frac{3}{4}$ kg Reis pro Jahr.

16

Eva wiegt 36 kg.

4 Zeitspannen, Rechnen mit Zeitspannen

Seite 62

1. Zeitpunkt der Abfahrt: 9.13 Uhr.
   Zeitpunkt der Ankunft: 15.04 Uhr.

2. Die Kinder haben noch 28 Minuten Zeit.

3. Die Klasse hat 15 Minuten Aufenthalt.

4. Die Reisezeit beträgt 5 Stunden und 51 Minuten.

Seite 63

1

a) 180 min; 300 s; 2 h; 8 h; 48 h
b) 135 min; 32 h; 250 s; 1 min 20 s; 1 h 30 min

2

a) 30 min; 15 min; 30 s; 12 h
b) 90 min; 90 s; 45 min; 105 min

3
Man misst die Länge eines Schultages in **Stunden**, die Dauer eines Lebens in **Jahren**, die Halbzeit eines Fußballspiels in **Minuten**, den Count-down beim Start einer Rakete in **Sekunden**.

4
a) 1 200 min < 1 Tag < 26 h

b) $1\frac{1}{2}$ min < 100 s < 1 min 50 s

c) 1 h 5 min < 75 min < $1\frac{1}{2}$ h

5
a) 47 min b) 28 min c) 32 min

d) 1 h 40 min e) 30 min

6
a) 25 min; 53 min
1 h 18 min

b) 7 h 20 min

7
Tina ist 1 h und 32 min lang gesurft.

8
a) Eine Stunde hat 3 600 s.

b) Ein Tag hat 1 440 min.

9
a) Der Film dauert 50 min.

b) Die Übertragung dauert 2 h und 35 min.

10
a) Die Flugzeit beträgt 2 h 27 min.

b) Die Flugzeit beträgt 1 h 43 min.

11

Abfahrt	8.25 Uhr	16.20 Uhr	19.08 Uhr
Ankunft	9.17 Uhr	18.14 Uhr	22.00 Uhr
Dauer	**52 min**	**114 min**	**172 min**

Seite 64

12
a) 8.52 Uhr b) 23.16 Uhr
c) 19.14 Uhr d) 5.45 Uhr
e) 10.55 Uhr f) 3.27 Uhr
g) 9.15 Uhr h) 1.00 Uhr

13
Das Lösungswort lautet: FERIEN.

Korrektur im Arbeitsheft:
Der Tippfehlerteufel hat wieder zugeschlagen: Zu (N) gehört 19.40 Uhr, zum 2. (E) gehört 18.35 Uhr.

14
a) 13.42 Uhr

b) 9.38 Uhr

15

Abflug	Flugdauer	Landung
7.00 Uhr	4 h 30 min	**11.30 Uhr**
10.30 Uhr	90 min	**12.00 Uhr**
11.10 Uhr	**2 h 35 min**	13.45 Uhr
15.30 Uhr	**2 h 50 min**	18.20 Uhr
5.00 Uhr	2 h 35 min	7.35 Uhr

16
Susi kommt um 13.05 Uhr in Köln an.

17
Das Flugzeug ist um 10.56 Uhr gestartet.

18
Die Hausaufgabenbetreuung endet um 15.45 Uhr.

19
Frank muss spätestens um 6.58 Uhr daheim losgehen.

Seite 65

20
Sie Sonne ist 22 h und 40 min zu sehen.

21
a) Die reine Unterrichtszeit dauert 4 h und 30 min.

b) Die gesamte Pausenzeit dauert 40 min.

22
Nina kann maximal noch 3 Lieder aufnehmen, selbst wenn sie die kürzesten wählt.

Für eine möglichst gute Ausnutzung des Platzes muss sie die möglichen Kombinationen ausprobieren. Es gibt 10 Möglichkeiten (*LM* = *Lady Madonna*, *M* = *Michelle*, *LIB* = *Let It Be*, *H* = *Help*, *HJ* = *Hey Jude*):

Kombination			Gesamtzeit	Platz
LIB	H	HJ	1 039 s	1
M	H	HJ	925 s	2
LM	H	HJ	890 s	3
M	**LIB**	**HJ**	**834 s**	**4**
LM	LIB	HJ	799 s	5
M	LIB	H	739 s	6
LM	LIB	H	704 s	7
LM	M	HJ	685 s	8
LM	M	H	590 s	9
LM	M	LIB	499 s	10

Die ersten 3 Plätze entfallen, da sie mehr als 14 min = 840 s benötigen, also ist die Minidisc mit den Liedern *Michelle*, *Let It Be* und *Hey Jude* am besten ausgenutzt.

23
Der Staffellauf dauert 6 min und 15 s.

24
Die Filme passen nicht auf die Kassette, da sie zusammen 2 h und 55 min dauern.

25
Elefanten haben 5 bis 7 Stunden „Freizeit".

26
a) Diese Aussage ist immer richtig.

b) Diese Aussage ist nicht immer richtig. Ein Monat kann auch 31 Tage haben, der Monat Februar hat 28 (im Schaltjahr 29) Tage.

c) Diese Aussage ist nicht immer richtig. In Schaltjahren unseres (gregorianischen) Kalenders hat das Jahr 366 Tage.

d) Diese Aussage ist immer richtig.

27
Martinas Mutter arbeitet täglich $7\frac{1}{2}$ h.

28
Die reine Wanderzeit beträgt $7\frac{1}{4}$ h.

29
Der Marathonläufer braucht 2 h 29 min.

5 Geld, Rechnen mit Geld

Seite 66

1. a) 50 €, 20 €, 5 €, 50 ct, 5 ct

   b) 20 €, 20 €, 20 €, 10 €, 2 €, 2 €, 1 €, 20 ct, 20 ct, 10 ct, 2 ct, 2 ct, 1 ct

2. 9 · 50 €, 1 · 100 €

3. a) 10 €, 5 €, 2 €, 50 ct

   b) 2 €, 5 ct

   c) 20 €, 20 ct, 10 ct, 5 ct, 1 ct

Seite 67

1

a) 100 ct; 600 ct   b) 125 ct; 309 ct

c) 250 ct; 1 260 ct   d) 107 ct; 56 ct

2

a) 6,00 €; 4,10 €

b) 5,01 €; 98,04 €; 0,25 €

3

456 ct	4 € 56 ct	4,56 €
1 015 ct	10 € 15 ct	**10,15 €**
1 004 ct	**10 € 4 ct**	10,04 €
1 560 ct	**15 € 60 ct**	15,60 €
50 ct	0 € 50 ct	0,50 €

4

a) 50,10 €   b) 412,97 €

c) 800,09 €   d) 1 004,84 €

5

a) 19,99 €   b) 64,65 €   c) 118,68 €

6

Sabine erhält 6,51 € Rückgeld.

7

a) 2 € 56 ct < 2,67 € < 276 ct

b) 5,60 € < 5 006 ct < 50 € 66 ct

c) 22,30 € < 2 234 ct < 223 €

d) 0,05 € < 5 € 5 ct < 5,50 €

8
a) 139 € 88 ct   b) 2 € 10 ct
c) 135 € 15 ct   d) 11 € 90 ct
e) 492 € 32 ct   f) 33 €
g) 222 € 89 ct   h) 71 € 55 ct

9
a) 14,20 € + **0,80 €** = 15,00 €
b) 205,50 € − **15,50 €** = 190,00 €
c) 238,20 € + **11,80 €** = 250,00 €
d) 54,45 € − **10,50 €** = 43,95 €
e) 344,00 € + **110,50 €** = 454,50 €
f) 500,05 € − **345,05 €** = 155,00 €
g) 305,90 € + **237,90 €** = 543,80 €
h) 495,67 € − **345,12 €** = 150,55 €

10
Der Kunde erhält 31,12 € zurück.

Seite 68

11
a) 60 €   b) 61   c) 12 ct   d) 126,00 €
e) 640 ct   f) 6   g) 6,00 €   h) 0,50 €

12
a) Ü: 35 €; E: 37,80 €   b) Ü: 10 €; E: 10,36 €

13
a) Ü: 2 €; E: 2,05 €   b) Ü: 2 €; E: 2,50 €

14
Das Rückgeld beträgt 7,30 €.

15
a) 102,60 €   b) 0,56 €   c) 9,50 €
   525,60 €   35   6,54
   526,25 €   2,40   2 480,50 €

16
Eberhard erhält 13 € Restgeld.

17
Die Lehrerin hat insgesamt 255 € eingesammelt.

18
Es nehmen 28 Kinder an der Klassenfahrt teil.

6 Rechnen mit Tabellen, Zweisatz, Sachaufgaben

Seite 69

1. a) 100 l   b) 150 l   c) 300 l

2.
Zeit in h	1	4	8	12	16	20	24
Blutmenge in l	300	1200	2400	**3600**	**4800**	**6000**	**7200**

3.
Zeit in d	1	7	30	365
Blutmenge in l	7 200	**50 400**	**216 000**	2 628 000

Hans wollte wissen, wie viel Blut das Herz in einer Woche, in einem Monat, in einem Jahr pumpt.

Seite 70

1
a)
Stückzahl	Preis
1	0,40 €
2	**0,80 €**
3	**1,20 €**

b)
Flaschen	Preis
1	0,70 €
2	**1,40 €**
3	**2,10 €**
4	**2,80 €**

2
a)
Gewicht	1 kg	2 kg	3 kg
Preis	1,30 €	**2,60 €**	**3,90 €**

b)
Länge	2 m	4 m	8 m
Preis	32 €	**64 €**	**128 €**

c)
Anzahl	1	5	10	15
Preis	17 €	**85 €**	**170 €**	**255 €**

d)
Menge	5 l	10 l	50 l	100 l
Preis	**0,50 €**	**1 €**	**5 €**	**10 €**

3
a)
Gewicht in g	100	200	300	400
Preis in €	1,10	**2,20**	**3,30**	**4,40**

b)
Menge in l	$\frac{1}{2}$	1	1,5	2
Preis in €	0,40	0,80	1,20	**1,60**

4

Anzahl in Duzend	1	2	3	4	5	6
Anzahl in Stück	12	24	36	48	60	72

5

Gewicht in Zentner	1	2	4	6	8	10
Gewicht in kg	50	100	200	300	400	500

6

h	1	4	6	8	10
km	14	56	84	112	140

7

h	6	1	2	3	4	5
km	150	25	50	75	100	125

8

Schulstunden	1	2	3
Minuten	45	90	135
gem. Schreibweise	45 min	1 h 30 min	2 h 15 min
Schulstunden	4	5	6
Minuten	180	225	270
gem. Schreibweise	3 h	3 h 45 min	4 h 30 min

9

Gewicht	50 g	100 g	200 g	400 g
Preis	0,80 €	1,60 €	3,20 €	6,40 €

Seite 71

10
Dirk muss 3 000 g = 3 kg Äpfel kaufen.

11
In einem Jahr verbraucht Tina 24 Bleistifte.

12
a) Ein Mensch verbraucht in einer Woche 21 l.
b) Ein Mensch verbraucht in einem Jahr 1 095 l.

13
In einem Jahr werden 5 184 € für Heu ausgegeben.

14
Ali bräuchte 5 h und 15 min.

15
Valentina muss 20,00 € für ihre Wolle ausgeben.

16
Die Fettmenge in 250 g ($\frac{1}{2}$ kg, 1 kg) Bratwurst beträgt $142\frac{1}{2}$ g (285 g, 570 g).

17
Ein Brötchen kostet 35 ct.

18
Wasser: 1 500 m/s
Luft: 19 800 m/min = 330 m/s
Eisen: 500 m/s

In Luft ist Schall am langsamsten.

19
Auto: 210 km/1,5 h = 140 km/h
Motorrad: 105 km/0,75 h = 140 km/h

Beide sind gleich schnell.

Seite 72

20
6 000 kg Rüben müssen verarbeitet werden.

21
25 g Nuss-Nougat-Creme enthalten 13,5 g Zucker.

22
Durch 500 l Altöl werden 500 Mio. l Wasser belastet.

23
a) Aus 1 800 l Altöl können 216 l Heizöl und 810 l Schmieröl gewonnen werden.
b) 774 l Altöl bleiben als Reststoff.

24
(2 · 48 € + 3 · 24 €) + (2 · 35 € + 3 · 23,50 €) · 2 + 240 €
= 689 €
Der Skiurlaub kostet Familie Schnee 689 €.

25

a) Der Automat zählt in 1 min (1 h) 1 800 (108 000) Münzen.

b) Der Betrag ist 90 €.

c) Es liegt ein Geldbetrag von 45 000 € vor.

d) Der Automat braucht 4 h, 37 min und 47 s.

Seite 73

26

a) Ohne Tageskarte kostet das Abstellen 8 €, die Tageskarte ist also günstiger.

b) Da die dritte Stunde angefangen hat, muss Frau Opel 5 € bezahlen.

27

Ja, die Summe stimmt.

28

a) Die Füllung wiegt 605 500 g = 605,5 kg.

b) Die Luft wiegt 4 550 000 g = 4 550 g.

29

Man hätte 36 Tafeln herstellen können.

30

Zeit	1 h	3 h	6 h	8 h	10 h
Strecke	4 km	12 km	24 km	32 km	40 km

Der Wanderer legt in 3 h (6 h; 8 h; 10 h) 12 km (24 km; 32 km; 40 km) zurück.

31

Am Jahresende lebten 882 Einwohner in Zumhaus.

32

Masse	3 mg	450 mg	500 g	750 g	1 kg
Länge	1 m	150 m	167 km	250 km	333 km

Ein Kupferdraht mit 450 mg (500 g; 750 g; 1 kg) ist 150 m (167 km; 250 km; 333 km) lang.

33

Es bleiben 4,20 € für die Dekoration.

34

a) Es befinden sich 2 915,50 € in der Kasse.

b) Der Gewinn beträgt 1 328,50 €.

7 Vernetzte Aufgaben

Seite 74

1

a) Flughäfen n. Flächengröße	b) Fluggäste p. Jahr in Mio.
16 km²	43
613 ha	16
500 ha 40 a	9
5 km²	19
39 000 a	7

2

Die Aussage stimmt.

3

Die Fläche des Klassenzimmers könnte man 83 400-mal unterbringen.

4

Die Differenz beträgt 2 150 m.

5

13 608 Flüge sind notwendig.

6

a) Es ist 20.15 Uhr in München.

b) Es ist 3.15 Uhr in New York.

Seite 75

7

a) Jeder Schüler muss 84,40 € bezahlen.

b) Die Lehrerin muss insgesamt 2 194,40 € einsammeln.

8

a) Der Ausflug hat 7 h und 45 min gedauert.

b) Der Bus ist 132 km gefahren.

9

a) Das Fußballfeld ist 7 a groß.

b) Der Spielplatz ist 156 m² groß.

10

a) Achmed wiegt 13,7 kg mehr als Luisa.

b) Es stimmt nicht ganz, sie wiegen zusammen nur 183,2 kg.